根据最新国家标准编写

木材材积

速查手册（最新版）

符韵林　徐　山

广西科学技术出版社

图书在版编目（CIP）数据

木材材积速查手册：最新版 / 符韵林，徐峰主编
. —2 版. —南宁：广西科学技术出版社，2022.5
ISBN 978 - 7 - 5551 - 1749 - 0

Ⅰ. ①木… Ⅱ. ①符… ②徐… Ⅲ. ①材积—手册
Ⅳ. ①S758.3 - 62

中国版本图书馆CIP数据核字（2022）第 068451 号

木材材积速查手册（最新版）
符韵林　徐　峰　主编

出 版 人：卢培钊		出版发行：广西科学技术出版社	
社　　址：广西南宁市东葛路 66 号		邮政编码：530023	
网　　址：http://www.gxkjs.com			
经　　销：全国各地新华书店			
印　　刷：广西民族印刷包装集团有限公司			
地　　址：广西南宁市高新三路 1 号		邮政编码：530007	
开　　本：787 mm×1092 mm　1/64			
字　　数：100 千字		印　张：3.25	
版　　次：2022 年 5 月第 2 版		印　次：2022 年 5 月第 1 次印刷	
书　　号：ISBN 978 - 7 - 5551 - 1749 - 0			
定　　价：12.00 元			

前　言

本书根据最新版本的木材检验方法和木材材积表等标准编制而成,其中 GB/T 11716—2018《小径原木》、LY/T 1157—2018《檩材》、LY/T 1158—2018《椽材》和 LY/T 1507—2018《木杆》为近两年实施的新标准,GB/T 4814—2013《原木材积表》、GB/T 144—2013《原木检验》、GB/T 4823—2013《锯材缺陷》亦是当前最新标准。根据最新标准,小径原木、短原木、檩材、椽材、木杆等材积的查定按 GB/T 4814—2013《原木材积表》进行,不再列出单独的材积表。在保护树种方面,濒危野生动植物种国际贸易公约(CITES)附录保护树种名录为 2019 年通过的最新版次,国家重点保护树种名录为 2021 年 8 月 7 日经国务院批准实施的最新版次。

本书共分6章，第1章是木材材积表，包含了杉原条材积计算、小原条材积表、原木材积表；第2章是木材缺陷检量与计算方法；第3章是木材检验基础知识；第4章是木材检量技术；第5章是国际及国内保护树种名录；第6章是常见商品木材识别。

本书由符韵林、徐峰、韦鹏练、许斌、吴汉阳、牟继平、陈松武等同志编写。本书编写得到了全国木材标准化技术委员会及有关专家的支持和帮助，在此表示衷心的感谢。

编者

目　　录

第1章　木材材积表

1.1　杉原条材积计算

1.1.1　杉原条材积计算公式

按 GB/T 4815—2009《杉原条材积表》的杉原条材积公式计算。

(1)检尺径小于等于 8cm 的杉原条材积计算公式：

$$V = 0.490\ 2 \times L/100$$

式中：　V——材积，m^3；

　　　　L——检尺长，m。

(2)检尺径大于等于 10cm 且检尺长小于等于 19m 的杉原条材积计算公式：

$$V = 0.394 \times (3.279 + D)^2 \times (0.707 + L)/10\ 000$$

式中：　V——材积，m^3；

　　　　D——检尺径，cm；

L——检尺长,m。

(3)检尺径大于等于 10cm 且检尺长大于等于 20m 的杉原条材积计算公式:

$$V = 0.39 \times (3.50 + D)^2 \times (0.48 + L)/10\ 000$$

式中: V——材积,m³;

D——检尺径,cm;

L——检尺长,m。

1.1.2 杉原条材积表(GB/T 4815—2009)

检尺径 (cm)	检尺长(m)									
	5	6	7	8	9	10	11	12	13	14
	材积(m³)									
8	0.025	0.029	0.034	0.039	0.044	0.049	—	—	—	—
10	0.040	0.047	0.054	0.060	0.067	0.074	0.081	0.088	0.095	0.102
12	0.052	0.062	0.071	0.080	0.089	0.098	0.108	0.117	0.126	0.135
14	0.067	0.079	0.091	0.102	0.114	0.126	0.138	0.149	0.161	0.173
16	0.084	0.098	0.113	0.128	0.142	0.157	0.171	0.186	0.201	0.215
18	0.102	0.120	0.137	0.155	0.173	0.191	0.209	0.227	0.245	0.262

检尺径 (cm)	检尺长（m）									
	5	6	7	8	9	10	11	12	13	14
	材积（m³）									
20	—	0.143	0.165	0.186	0.207	0.229	0.250	0.271	0.293	0.314
22	—	—	0.194	0.219	0.244	0.270	0.295	0.320	0.345	0.370
24	—	—	—	0.255	0.285	0.314	0.343	0.373	0.402	0.431
26	—	—	—	—	0.328	0.362	0.395	0.429	0.463	0.497
28	—	—	—	—	—	0.413	0.451	0.490	0.528	0.567
30	—	—	—	—	—	—	0.511	0.554	0.598	0.642
32	—	—	—	—	—	—	—	0.623	0.672	0.721
34	—	—	—	—	—	—	—	—	0.751	0.805
36	—	—	—	—	—	—	—	—	—	0.894
38	—	—	—	—	—	—	—	—	—	—
40	—	—	—	—	—	—	—	—	—	—
42	—	—	—	—	—	—	—	—	—	—
44	—	—	—	—	—	—	—	—	—	—

检尺径 (cm)	检尺长（m）									
	15	16	17	18	19	20	21	22	23	24
	材积（m³）									
10	0.109	0.116	0.123	0.130	0.137	0.146	0.153	0.160	0.167	0.174
12	0.144	0.154	0.163	0.172	0.181	0.192	0.201	0.211	0.220	0.229
14	0.185	0.197	0.208	0.220	0.232	0.245	0.257	0.268	0.280	0.292
16	0.230	0.245	0.259	0.274	0.289	0.304	0.319	0.333	0.348	0.363
18	0.280	0.298	0.316	0.334	0.352	0.369	0.387	0.405	0.423	0.441
20	0.335	0.357	0.378	0.399	0.421	0.441	0.463	0.484	0.506	0.527
22	0.395	0.421	0.446	0.471	0.496	0.519	0.545	0.570	0.595	0.621
24	0.461	0.490	0.519	0.548	0.578	0.604	0.634	0.663	0.693	0.722
26	0.531	0.564	0.598	0.632	0.666	0.695	0.729	0.763	0.797	0.831
28	0.605	0.644	0.683	0.721	0.760	0.793	0.831	0.870	0.909	0.947
30	0.685	0.729	0.773	0.816	0.860	0.896	0.940	0.984	1.028	1.071
32	0.770	0.819	0.868	0.917	0.966	1.007	1.056	1.105	1.154	1.203
34	0.860	0.915	0.970	1.024	1.079	1.123	1.178	1.233	1.288	1.343
36	0.955	1.016	1.076	1.137	1.198	1.246	1.307	1.368	1.429	1.490

检尺径 （cm）	检尺长（m）									
	15	16	17	18	19	20	21	22	23	24
	材积（m³）									
38	1.055	1.122	1.189	1.256	1.323	1.376	1.443	1.510	1.577	1.644
40	1.159	1.233	1.307	1.381	1.454	1.511	1.585	1.659	1.733	1.807
42	—	1.350	1.430	1.511	1.592	1.654	1.734	1.815	1.896	1.977
44	—	1.471	1.559	1.648	1.736	1.802	1.890	1.978	2.066	2.154
46	—	1.599	1.694	1.790	1.886	1.957	2.053	2.148	2.244	2.339
48	—	1.731	1.835	1.938	2.042	2.118	2.222	2.325	2.429	2.532
50	—	1.869	1.980	2.092	2.204	2.286	2.398	2.509	2.621	2.733
52	—	2.011	2.132	2.252	2.373	2.460	2.580	2.701	2.821	2.941
54	—	2.160	2.289	2.418	2.547	2.641	2.770	2.899	3.028	3.157
56	—	2.313	2.452	2.590	2.728	2.828	2.966	3.104	3.242	3.380
58	—	2.472	2.620	2.768	2.916	3.021	3.168	3.316	3.463	3.611
60	—	2.636	2.794	2.951	3.109	3.221	3.378	3.535	3.692	3.850

检尺径	检尺长(m)					
(cm)	25	26	27	28	29	30
	材积(m³)					
10	0.181	0.188	0.195	0.202	0.210	0.217
12	0.239	0.248	0.257	0.267	0.276	0.286
14	0.304	0.316	0.328	0.340	0.352	0.364
16	0.378	0.393	0.408	0.422	0.437	0.452
18	0.459	0.477	0.495	0.513	0.531	0.549
20	0.549	0.570	0.592	0.613	0.635	0.656
22	0.646	0.672	0.697	0.722	0.748	0.773
24	0.752	0.781	0.810	0.840	0.869	0.899
26	0.865	0.899	0.933	0.967	1.001	1.034
28	0.986	1.025	1.063	1.102	1.141	1.180
30	1.115	1.159	1.203	1.247	1.290	1.334
32	1.252	1.301	1.351	1.400	1.449	1.498
34	1.397	1.452	1.507	1.562	1.617	1.672
36	1.550	1.611	1.672	1.733	1.794	1.855

检尺径 (cm)	检尺长(m)					
	25	26	27	28	29	30
	材积(m³)					
38	1.711	1.779	1.846	1.913	1.980	2.047
40	1.880	1.954	2.028	2.102	2.176	2.249
42	2.057	2.138	2.219	2.299	2.380	2.461
44	2.242	2.330	2.418	2.506	2.594	2.682
46	2.435	2.530	2.626	2.722	2.817	2.913
48	2.636	2.739	2.842	2.946	3.049	3.153
50	2.844	2.956	3.068	3.179	3.291	3.402
52	3.061	3.181	3.301	3.421	3.541	3.662
54	3.285	3.414	3.543	3.672	3.801	3.930
56	3.518	3.656	3.794	3.932	4.070	4.208
58	3.758	3.906	4.054	4.201	4.349	4.496
60	4.007	4.164	4.321	4.479	4.636	4.793

1.2 小原条材积表

1.2.1 小原条材积计算公式

$$V=\frac{5.5L+0.38D^2L+16D-30}{10\ 000}$$

式中： V——材积，m^3；

L——检尺长，m；

D——检尺径，cm。

1.2.2 小原条(LY/T 1079—2015)材积表

检尺径 (cm)	检尺长(m)						
	3.0	3.5	4.0	4.5	5.0	5.5	6.0
	材积(m³)						
4	0.006 9	0.007 5	0.008 0	0.008 6	0.009 2	0.009 8	0.010 3
5	0.009 5	0.010 3	0.011 0	0.011 8	0.012 5	0.013 3	0.014 0
6	0.012 4	0.013 3	0.014 3	0.015 2	0.016 2	0.017 1	0.018 1
7	0.015 4	0.016 6	0.017 8	0.019 1	0.020 3	0.021 5	0.022 7
8	—	—	—	0.023 2	0.024 7	0.026 2	0.027 7

检尺径 （cm）	检尺长（m）						
	3.0	3.5	4.0	4.5	5.0	5.5	6.0
	材积（m³）						
9	—	—	—	0.027 7	0.029 5	0.031 4	0.033 2
10	—	—	—	0.032 6	0.034 8	0.036 9	0.039 1

检尺径 （cm）	检尺长（m）							
	6.5	7.0	7.5	8.0	8.5	9.0	9.5	10.0
	材积（m³）							
4	0.010 9	0.011 5	0.012 6	0.012 7	0.013 2	0.013 8	0.014 4	0.015 0
5	0.014 8	0.015 5	0.016 3	0.017 0	0.017 8	0.018 5	0.019 3	0.020 0
6	0.019 1	0.020 0	0.021 0	0.021 9	0.022 9	0.023 9	0.024 8	0.025 8
7	0.023 9	0.025 1	0.026 3	0.027 5	0.028 7	0.029 9	0.031 1	0.032 3
8	0.029 2	0.030 7	0.032 2	0.033 7	0.035 1	0.036 6	0.038 1	0.039 6
9	0.035 0	0.036 8	0.038 6	0.040 4	0.042 2	0.044 1	0.045 9	0.047 7
10	0.041 3	0.043 5	0.045 6	0.047 8	0.050 0	0.052 2	0.054 3	0.056 5

1.3 原木材积表

1.3.1 原木材积计算公式

1.3.1.1 检尺长为 0.5～1.9m 的原木材积计算公式

检尺径为 8～120cm 且检尺长为 0.5～1.9m 的短原木材积计算公式：

$$V = \frac{0.8L(D+0.5L)^2}{10\,000}$$

式中：V——材积，m³；

L——检尺长，m；

D——检尺径，cm。

1.3.1.2 检尺长为 2.0～10.0m 的原木材积计算公式

(1)检尺径为 4～13cm 且检尺长为 2.0～10.0m 的小径原木材积计算公式：

$$V = \frac{0.785\,4L(D+0.45L+0.2)^2}{10\,000}$$

式中：V——材积，m³；

L——检尺长,m;

D——检尺径,cm。

(2)检尺径为 14～120cm 且检尺长为 2.0～10.0m 的原木材积计算公式:

$$V=\frac{0.785\ 4L[D+0.5L+0.005L^2+0.000\ 125L(14-L)^2(D-10)]^2}{10\ 000}$$

式中: V——材积,m³;

L——检尺长,m;

D——检尺径,cm。

1.3.1.3　检尺长为 10.2m 以上的原木材积计算公式

检尺径为 14～120cm 且检尺长 10.2m 以上的超长原木材积计算公式:

$$V=\frac{0.8L(D+0.5L)^2}{10\ 000}$$

式中: V——材积,m³;

L——检尺长,m;

D——检尺径,cm。

1.3.2 原木材积表(GB/T 4814—2013)

检尺径 (cm)	检尺长(m)							
	0.5	0.6	0.7	0.8	0.9	1.0	1.1	1.2
	材积(m³)							
8	0.003	0.003	0.004	0.005	0.005	0.006	0.006	0.007
9	0.003	0.004	0.005	0.006	0.006	0.007	0.008	0.009
10	0.004	0.005	0.006	0.007	0.008	0.009	0.010	0.011
11	0.005	0.006	0.007	0.008	0.009	0.011	0.012	0.013
12	0.006	0.007	0.009	0.010	0.011	0.013	0.014	0.015
13	0.007	0.008	0.010	0.011	0.013	0.015	0.016	0.018
14	0.008	0.010	0.012	0.013	0.015	0.017	0.019	0.020
16	0.011	0.013	0.015	0.017	0.019	0.022	0.024	0.026
18	0.013	0.016	0.019	0.022	0.025	0.027	0.030	0.033
20	0.016	0.020	0.023	0.027	0.030	0.034	0.037	0.041
22	0.020	0.024	0.028	0.032	0.036	0.041	0.045	0.049
24	0.024	0.028	0.033	0.038	0.043	0.048	0.053	0.058

检尺径 (cm)	检尺长(m)							
	0.5	0.6	0.7	0.8	0.9	1.0	1.1	1.2
	材积(m³)							
26	0.028	0.033	0.039	0.045	0.050	0.056	0.062	0.068
28	0.032	0.038	0.045	0.052	0.058	0.065	0.072	0.079
30	0.037	0.044	0.052	0.059	0.067	0.074	0.082	0.090
32	0.042	0.050	0.059	0.067	0.076	0.085	0.093	0.102
34	0.047	0.056	0.066	0.076	0.085	0.095	0.105	0.115
36	0.053	0.063	0.074	0.085	0.096	0.107	0.118	0.129
38	0.059	0.070	0.082	0.094	0.106	0.119	0.131	0.143
40	0.065	0.078	0.091	0.104	0.118	0.131	0.145	0.158
42	0.071	0.086	0.100	0.115	0.130	0.145	0.159	0.174
44	0.078	0.094	0.110	0.126	0.142	0.158	0.175	0.191
46	0.086	0.103	0.120	0.138	0.155	0.173	0.191	0.208
48	0.093	0.112	0.131	0.150	0.169	0.188	0.207	0.227
50	0.101	0.121	0.142	0.163	0.183	0.204	0.225	0.246
52	0.109	0.131	0.153	0.176	0.198	0.221	0.243	0.266

检尺径(cm)	检尺长(m)							
	0.5	0.6	0.7	0.8	0.9	1.0	1.1	1.2
	材积(m³)							
54	0.118	0.142	0.165	0.189	0.213	0.238	0.262	0.286
56	0.127	0.152	0.178	0.204	0.229	0.255	0.281	0.308
58	0.136	0.163	0.191	0.218	0.246	0.274	0.302	0.330
60	0.145	0.175	0.204	0.233	0.263	0.293	0.323	0.353
62	0.155	0.186	0.218	0.249	0.281	0.313	0.344	0.376
64	0.165	0.198	0.232	0.265	0.299	0.333	0.367	0.401
66	0.176	0.211	0.247	0.282	0.318	0.354	0.390	0.426
68	0.186	0.224	0.262	0.299	0.337	0.375	0.414	0.452
70	0.197	0.237	0.277	0.317	0.357	0.398	0.438	0.478
72	0.209	0.251	0.293	0.335	0.378	0.421	0.463	0.506
74	0.221	0.265	0.310	0.354	0.399	0.444	0.489	0.534
76	0.233	0.279	0.326	0.374	0.421	0.468	0.516	0.563
78	0.245	0.294	0.344	0.393	0.443	0.493	0.543	0.593
80	0.258	0.310	0.362	0.414	0.466	0.518	0.571	0.624

检尺径	检尺长（m）							
（cm）	0.5	0.6	0.7	0.8	0.9	1.0	1.1	1.2
	材积（m³）							
82	0.271	0.325	0.380	0.435	0.489	0.545	0.600	0.655
84	0.284	0.341	0.398	0.456	0.513	0.571	0.629	0.687
86	0.298	0.357	0.418	0.478	0.538	0.599	0.659	0.720
88	0.312	0.374	0.437	0.500	0.563	0.627	0.690	0.754
90	0.326	0.391	0.457	0.523	0.589	0.655	0.722	0.788
92	0.340	0.409	0.478	0.546	0.615	0.685	0.754	0.823
94	0.355	0.427	0.499	0.570	0.642	0.714	0.787	0.859
96	0.371	0.445	0.520	0.595	0.670	0.745	0.820	0.896
98	0.386	0.464	0.542	0.620	0.698	0.776	0.855	0.933
100	0.402	0.483	0.564	0.645	0.726	0.808	0.890	0.972
102	0.418	0.502	0.587	0.671	0.756	0.841	0.925	1.011
104	0.435	0.522	0.610	0.698	0.786	0.874	0.962	1.050
106	0.452	0.542	0.633	0.725	0.816	0.907	0.999	1.091
108	0.469	0.563	0.657	0.752	0.847	0.942	1.037	1.132

检尺径 (cm)	检尺长（m）							
	0.5	0.6	0.7	0.8	0.9	1.0	1.1	1.2
	材积（m³）							
110	0.486	0.584	0.682	0.780	0.878	0.977	1.075	1.174
112	0.504	0.605	0.707	0.809	0.910	1.013	1.115	1.217
114	0.522	0.627	0.732	0.838	0.943	1.049	1.155	1.261
116	0.541	0.649	0.758	0.867	0.976	1.086	1.195	1.305
118	0.559	0.672	0.784	0.897	1.010	1.123	1.237	1.350
120	0.578	0.695	0.811	0.928	1.045	1.162	1.279	1.396

检尺径 (cm)	检尺长（m）							
	1.3	1.4	1.5	1.6	1.7	1.8	1.9	2.0
	材积（m³）							
4								0.004 1
5								0.005 8
6								0.007 9
7								0.010 3

检尺径	检尺长(m)							
(cm)	1.3	1.4	1.5	1.6	1.7	1.8	1.9	2.0
	材积(m³)							
8	0.008	0.008	0.009	0.010	0.011	0.011	0.012	0.013
9	0.010	0.011	0.011	0.012	0.013	0.014	0.015	0.016
10	0.012	0.013	0.014	0.015	0.016	0.017	0.018	0.019
11	0.014	0.015	0.017	0.018	0.019	0.020	0.022	0.023
12	0.017	0.018	0.020	0.021	0.022	0.024	0.025	0.027
13	0.019	0.021	0.023	0.024	0.026	0.028	0.030	0.031
14	0.022	0.024	0.026	0.028	0.030	0.032	0.034	0.036
16	0.029	0.031	0.034	0.036	0.039	0.041	0.044	0.047
18	0.036	0.039	0.042	0.045	0.048	0.051	0.055	0.059
20	0.044	0.048	0.052	0.055	0.059	0.063	0.067	0.072
22	0.053	0.058	0.062	0.067	0.071	0.076	0.080	0.086
24	0.063	0.068	0.074	0.079	0.084	0.089	0.095	0.102
26	0.074	0.080	0.086	0.092	0.098	0.104	0.110	0.120
28	0.085	0.092	0.099	0.106	0.113	0.120	0.127	0.138

检尺径 (cm)	检尺长（m）							
	1.3	1.4	1.5	1.6	1.7	1.8	1.9	2.0
	材积（m³）							
30	0.098	0.106	0.113	0.121	0.129	0.137	0.146	0.158
32	0.111	0.120	0.129	0.138	0.147	0.156	0.165	0.180
34	0.125	0.135	0.145	0.155	0.165	0.175	0.186	0.202
36	0.140	0.151	0.162	0.173	0.185	0.196	0.208	0.226
38	0.155	0.168	0.180	0.193	0.205	0.218	0.231	0.252
40	0.172	0.186	0.199	0.213	0.227	0.241	0.255	0.278
42	0.189	0.204	0.219	0.234	0.250	0.265	0.280	0.306
44	0.207	0.224	0.240	0.257	0.274	0.290	0.307	0.336
46	0.226	0.244	0.262	0.280	0.299	0.317	0.335	0.367
48	0.246	0.266	0.285	0.305	0.325	0.344	0.364	0.399
50	0.267	0.288	0.309	0.330	0.352	0.373	0.395	0.432
52	0.288	0.311	0.334	0.357	0.380	0.403	0.426	0.467
54	0.311	0.335	0.360	0.384	0.409	0.434	0.459	0.503
56	0.334	0.360	0.386	0.413	0.440	0.466	0.493	0.541

检尺径 (cm)	检尺长（m）							
	1.3	1.4	1.5	1.6	1.7	1.8	1.9	2.0
	材积（m³）							
58	0.358	0.386	0.414	0.443	0.471	0.500	0.528	0.580
60	0.383	0.413	0.443	0.473	0.504	0.534	0.565	0.620
62	0.408	0.440	0.473	0.505	0.537	0.570	0.602	0.661
64	0.435	0.469	0.503	0.537	0.572	0.607	0.641	0.704
66	0.462	0.498	0.535	0.571	0.608	0.644	0.681	0.749
68	0.490	0.529	0.567	0.606	0.645	0.684	0.723	0.794
70	0.519	0.560	0.601	0.642	0.683	0.724	0.765	0.841
72	0.549	0.592	0.635	0.678	0.722	0.765	0.809	0.890
74	0.580	0.625	0.671	0.716	0.762	0.808	0.854	0.939
76	0.611	0.659	0.707	0.755	0.803	0.852	0.900	0.990
78	0.643	0.694	0.744	0.795	0.846	0.896	0.947	1.043
80	0.676	0.729	0.782	0.836	0.889	0.942	0.996	1.096
82	0.710	0.766	0.822	0.878	0.934	0.990	1.046	1.151
84	0.745	0.803	0.862	0.920	0.979	1.038	1.097	1.208

检尺径(cm)	检尺长（m）							
	1.3	1.4	1.5	1.6	1.7	1.8	1.9	2.0
	材积（m³）							
86	0.781	0.842	0.903	0.964	1.026	1.087	1.149	1.265
88	0.817	0.881	0.945	1.009	1.074	1.138	1.203	1.325
90	0.855	0.921	0.988	1.055	1.123	1.190	1.257	1.385
92	0.893	0.962	1.032	1.102	1.172	1.243	1.313	1.447
94	0.932	1.004	1.077	1.150	1.224	1.297	1.370	1.510
96	0.971	1.047	1.123	1.199	1.276	1.352	1.429	1.574
98	1.012	1.091	1.170	1.249	1.329	1.408	1.488	1.640
100	1.054	1.136	1.218	1.301	1.383	1.466	1.549	1.707
102	1.096	1.181	1.267	1.353	1.439	1.525	1.611	1.776
104	1.139	1.228	1.317	1.406	1.495	1.585	1.674	1.846
106	1.183	1.275	1.367	1.460	1.553	1.646	1.739	1.917
108	1.228	1.323	1.419	1.515	1.611	1.708	1.804	1.990
110	1.273	1.373	1.472	1.571	1.671	1.771	1.871	2.064
112	1.320	1.423	1.526	1.629	1.732	1.835	1.939	2.139

检尺径（cm）	检尺长（m）							
	1.3	1.4	1.5	1.6	1.7	1.8	1.9	2.0
	材积（m³）							
114	1.367	1.473	1.580	1.687	1.794	1.901	2.008	2.216
116	1.415	1.525	1.636	1.746	1.857	1.968	2.079	2.294
118	1.464	1.578	1.692	1.807	1.921	2.036	2.151	2.373
120	1.514	1.632	1.750	1.868	1.986	2.105	2.224	2.454

检尺径（cm）	检尺长（m）							
	2.2	2.4	2.5	2.6	2.8	3.0	3.2	3.4
	材积（m³）							
4	0.004 7	0.005 3	0.005 6	0.005 9	0.006 6	0.007 3	0.008 0	0.008 8
5	0.006 6	0.007 4	0.007 9	0.008 3	0.009 2	0.010 1	0.011 1	0.012 1
6	0.008 9	0.010 0	0.010 5	0.011 1	0.012 2	0.013 4	0.014 7	0.016 0
7	0.011 6	0.012 9	0.013 6	0.014 3	0.015 7	0.017 2	0.018 8	0.020 4
8	0.015	0.016	0.017	0.018	0.020	0.021	0.023	0.025
9	0.018	0.020	0.021	0.022	0.024	0.026	0.028	0.031

检尺径(cm)	检尺长(m)							
	2.2	2.4	2.5	2.6	2.8	3.0	3.2	3.4
	材积(m³)							
10	0.022	0.024	0.025	0.026	0.029	0.031	0.034	0.037
11	0.026	0.028	0.030	0.031	0.034	0.037	0.040	0.043
12	0.030	0.033	0.035	0.037	0.040	0.043	0.047	0.050
13	0.035	0.038	0.040	0.042	0.046	0.050	0.054	0.058
14	0.040	0.045	0.047	0.049	0.054	0.058	0.063	0.068
16	0.052	0.058	0.060	0.063	0.069	0.075	0.081	0.087
18	0.065	0.072	0.076	0.079	0.086	0.093	0.101	0.108
20	0.080	0.088	0.092	0.097	0.105	0.114	0.123	0.132
22	0.096	0.106	0.111	0.116	0.126	0.137	0.147	0.158
24	0.114	0.125	0.131	0.137	0.149	0.161	0.174	0.186
26	0.133	0.146	0.153	0.160	0.174	0.188	0.203	0.217
28	0.154	0.169	0.177	0.185	0.201	0.217	0.234	0.250
30	0.176	0.193	0.202	0.211	0.230	0.248	0.267	0.286
32	0.199	0.219	0.230	0.240	0.260	0.281	0.302	0.324

检尺径 (cm)	检尺长（m）							
	2.2	2.4	2.5	2.6	2.8	3.0	3.2	3.4
	材积(m³)							
34	0.224	0.247	0.258	0.270	0.293	0.316	0.340	0.364
36	0.251	0.276	0.289	0.302	0.327	0.353	0.380	0.406
38	0.279	0.307	0.321	0.335	0.364	0.393	0.422	0.451
40	0.309	0.340	0.355	0.371	0.402	0.434	0.466	0.498
42	0.340	0.374	0.391	0.408	0.442	0.477	0.512	0.548
44	0.372	0.409	0.428	0.447	0.484	0.522	0.561	0.599
46	0.406	0.447	0.467	0.487	0.528	0.570	0.612	0.654
48	0.442	0.486	0.508	0.530	0.574	0.619	0.665	0.710
50	0.479	0.526	0.550	0.574	0.622	0.671	0.720	0.769
52	0.518	0.569	0.594	0.620	0.672	0.724	0.777	0.830
54	0.558	0.613	0.640	0.668	0.724	0.780	0.837	0.894
56	0.599	0.658	0.688	0.718	0.777	0.838	0.899	0.960
58	0.642	0.705	0.737	0.769	0.833	0.898	0.963	1.028
60	0.687	0.754	0.788	0.822	0.890	0.959	1.029	1.099

检尺径 (cm)	检尺长（m）							
	2.2	2.4	2.5	2.6	2.8	3.0	3.2	3.4
	材积（m³）							
62	0.733	0.804	0.841	0.877	0.950	1.023	1.097	1.172
64	0.780	0.857	0.895	0.934	1.011	1.089	1.168	1.247
66	0.829	0.910	0.951	0.992	1.074	1.157	1.241	1.325
68	0.880	0.966	1.009	1.052	1.140	1.227	1.316	1.405
70	0.931	1.022	1.068	1.114	1.207	1.300	1.393	1.487
72	0.985	1.081	1.129	1.178	1.276	1.374	1.473	1.572
74	1.040	1.141	1.192	1.244	1.347	1.450	1.554	1.659
76	1.096	1.203	1.257	1.311	1.419	1.528	1.638	1.748
78	1.154	1.267	1.323	1.380	1.494	1.609	1.724	1.840
80	1.214	1.329	1.386	1.443	1.558	1.691	1.812	1.934
82	1.274	1.399	1.461	1.523	1.649	1.776	1.903	2.030
84	1.337	1.467	1.532	1.598	1.730	1.862	1.995	2.129
86	1.401	1.537	1.605	1.674	1.812	1.951	2.090	2.230
88	1.466	1.609	1.680	1.752	1.896	2.042	2.187	2.334

检尺径	检尺长(m)							
(cm)	2.2	2.4	2.5	2.6	2.8	3.0	3.2	3.4
	材积(m³)							
90	1.533	1.682	1.757	1.832	1.983	2.134	2.287	2.439
92	1.601	1.757	1.835	1.913	2.071	2.229	2.388	2.548
94	1.671	1.833	1.915	1.997	2.161	2.326	2.492	2.658
96	1.742	1.911	1.996	2.082	2.253	2.425	2.598	2.771
98	1.815	1.991	2.080	2.169	2.347	2.526	2.706	2.886
100	1.889	2.073	2.165	2.257	2.443	2.629	2.816	3.004
102	1.965	2.156	2.252	2.348	2.540	2.734	2.928	3.123
104	2.042	2.240	2.340	2.440	2.640	2.841	3.043	3.246
106	2.121	2.327	2.430	2.534	2.742	2.950	3.160	3.370
108	2.202	2.415	2.522	2.629	2.845	3.062	3.279	3.497
110	2.283	2.504	2.615	2.727	2.950	3.175	3.400	3.626
112	2.367	2.596	2.711	2.826	3.058	3.290	3.524	3.758
114	2.451	2.688	2.808	2.927	3.167	3.408	3.650	3.892
116	2.537	2.783	2.906	3.030	3.278	3.527	3.777	4.028

检尺径	检尺长(m)							
(cm)	2.2	2.4	2.5	2.6	2.8	3.0	3.2	3.4
	材积(m³)							
118	2.625	2.879	3.007	3.135	3.391	3.649	3.908	4.167
120	2.714	2.977	3.109	3.241	3.506	3.773	4.040	4.308

检尺径	检尺长(m)							
(cm)	3.6	3.8	4.0	4.2	4.4	4.6	4.8	5.0
	材积(m³)							
4	0.009 6	0.010 4	0.011 3	0.012 2	0.013 2	0.014 2	0.015 2	0.016 3
5	0.013 2	0.014 3	0.015 4	0.016 6	0.017 8	0.019 1	0.020 4	0.021 8
6	0.017 3	0.018 7	0.020 1	0.021 6	0.023 1	0.024 7	0.026 3	0.028 0
7	0.022 0	0.023 7	0.025 4	0.027 3	0.029 1	0.031 0	0.033 0	0.035 1
8	0.027	0.029	0.031	0.034	0.036	0.038	0.040	0.043
9	0.033	0.036	0.038	0.041	0.043	0.046	0.049	0.051
10	0.040	0.042	0.045	0.048	0.051	0.054	0.058	0.061
11	0.046	0.050	0.053	0.057	0.060	0.064	0.067	0.071

检尺径 （cm）	检尺长（m）							
	3.6	3.8	4.0	4.2	4.4	4.6	4.8	5.0
	材积（m³）							
12	0.054	0.058	0.062	0.065	0.069	0.074	0.078	0.082
13	0.062	0.066	0.071	0.075	0.080	0.084	0.089	0.094
14	0.073	0.078	0.083	0.089	0.094	0.100	0.105	0.111
16	0.093	0.100	0.106	0.113	0.120	0.126	0.134	0.141
18	0.116	0.124	0.132	0.140	0.148	0.156	0.165	0.174
20	0.141	0.151	0.160	0.170	0.180	0.190	0.200	0.210
22	0.169	0.180	0.191	0.203	0.214	0.226	0.238	0.250
24	0.199	0.212	0.225	0.239	0.252	0.266	0.279	0.293
26	0.232	0.247	0.262	0.277	0.293	0.308	0.324	0.340
28	0.267	0.284	0.302	0.319	0.337	0.354	0.372	0.391
30	0.305	0.324	0.344	0.364	0.383	0.404	0.424	0.444
32	0.345	0.367	0.389	0.411	0.433	0.456	0.479	0.502
34	0.388	0.412	0.437	0.461	0.486	0.511	0.537	0.562
36	0.433	0.460	0.487	0.515	0.542	0.570	0.598	0.626

检尺径 (cm)	检尺长（m）							
	3.6	3.8	4.0	4.2	4.4	4.6	4.8	5.0
	材积（m³）							
38	0.481	0.510	0.541	0.571	0.601	0.632	0.663	0.694
40	0.531	0.564	0.597	0.630	0.663	0.697	0.731	0.765
42	0.583	0.619	0.656	0.692	0.729	0.766	0.803	0.840
44	0.638	0.678	0.717	0.757	0.797	0.837	0.877	0.918
46	0.696	0.739	0.782	0.825	0.868	0.912	0.955	0.999
48	0.756	0.802	0.849	0.896	0.942	0.990	1.037	1.084
50	0.819	0.869	0.919	0.969	1.020	1.071	1.122	1.173
52	0.884	0.938	0.992	1.046	1.100	1.155	1.210	1.265
54	0.951	1.009	1.067	1.125	1.184	1.242	1.301	1.360
56	1.021	1.083	1.145	1.208	1.270	1.333	1.396	1.459
58	1.094	1.160	1.226	1.293	1.360	1.427	1.494	1.561
60	1.169	1.239	1.310	1.381	1.452	1.524	1.595	1.667
62	1.246	1.321	1.397	1.472	1.548	1.624	1.700	1.776
64	1.326	1.406	1.486	1.566	1.647	1.728	1.808	1.889

检尺径 (cm)	检尺长(m)							
	3.6	3.8	4.0	4.2	4.4	4.6	4.8	5.0
	材积(m³)							
66	1.409	1.493	1.578	1.663	1.749	1.834	1.920	2.005
68	1.494	1.583	1.673	1.763	1.854	1.944	2.034	2.125
70	1.581	1.676	1.771	1.866	1.961	2.057	2.152	2.248
72	1.671	1.771	1.871	1.972	2.072	2.173	2.274	2.375
74	1.764	1.869	1.975	2.080	2.186	2.292	2.399	2.505
76	1.859	1.969	2.081	2.192	2.303	2.415	2.527	2.638
78	1.956	2.073	2.189	2.306	2.424	2.541	2.658	2.775
80	2.056	2.178	2.301	2.424	2.547	2.670	2.793	2.916
82	2.158	2.287	2.415	2.544	2.673	2.802	2.931	3.060
84	2.263	2.398	2.532	2.667	2.802	2.937	3.072	3.207
86	2.371	2.511	2.652	2.793	2.934	3.076	3.217	3.358
88	2.480	2.627	2.775	2.922	3.070	3.217	3.365	3.512
90	2.593	2.746	2.900	3.054	3.208	3.362	3.516	3.670
92	2.707	2.868	3.028	3.189	3.350	3.510	3.671	3.831

检尺径	检尺长（m）							
（cm）	3.6	3.8	4.0	4.2	4.4	4.6	4.8	5.0
	材积（m³）							
94	2.825	2.992	3.159	3.327	3.494	3.662	3.829	3.996
96	2.945	3.119	3.293	3.467	3.642	3.816	3.990	4.164
98	3.067	3.248	3.429	3.611	3.792	3.974	4.155	4.336
100	3.192	3.380	3.569	3.757	3.946	4.135	4.323	4.511
102	3.319	3.515	3.711	3.907	4.103	4.299	4.494	4.690
104	3.449	3.652	3.855	4.059	4.263	4.466	4.669	4.872
106	3.581	3.792	4.003	4.214	4.425	4.636	4.847	5.058
108	3.716	3.934	4.153	4.372	4.591	4.810	5.028	5.247
110	3.853	4.080	4.306	4.533	4.760	4.987	5.213	5.439
112	3.992	4.227	4.462	4.697	4.932	5.167	5.401	5.635
114	4.135	4.378	4.621	4.864	5.107	5.350	5.592	5.834
116	4.279	4.531	4.782	5.034	5.285	5.536	5.787	6.037
118	4.426	4.686	4.947	5.207	5.466	5.726	5.985	6.244
120	4.576	4.845	5.113	5.382	5.651	5.919	6.186	6.453

检尺径 (cm)	检尺长（m）							
	5.2	5.4	5.6	5.8	6.0	6.2	6.4	6.6
	材积（m³）							
4	0.017 5	0.018 6	0.019 9	0.021 1	0.022 4	0.023 8	0.025 2	0.026 6
5	0.023 2	0.024 7	0.026 2	0.027 8	0.029 4	0.031 1	0.032 8	0.034 6
6	0.029 8	0.031 6	0.033 4	0.035 4	0.037 3	0.039 4	0.041 4	0.043 6
7	0.037 2	0.039 3	0.041 6	0.043 8	0.046 2	0.048 6	0.051 1	0.053 6
8	0.045	0.048	0.051	0.053	0.056	0.059	0.062	0.065
9	0.054	0.057	0.060	0.064	0.067	0.070	0.073	0.077
10	0.064	0.068	0.071	0.075	0.078	0.082	0.086	0.090
11	0.075	0.079	0.083	0.087	0.091	0.095	0.100	0.104
12	0.086	0.091	0.095	0.100	0.105	0.109	0.114	0.119
13	0.099	0.104	0.109	0.114	0.119	0.125	0.130	0.136
14	0.117	0.123	0.129	0.136	0.142	0.149	0.156	0.162
16	0.148	0.155	0.163	0.171	0.179	0.187	0.195	0.203
18	0.182	0.191	0.201	0.210	0.219	0.229	0.238	0.248
20	0.221	0.231	0.242	0.253	0.264	0.275	0.286	0.298
22	0.262	0.275	0.287	0.300	0.313	0.326	0.339	0.352

检尺径 (cm)	检尺长 (m)							
	5.2	5.4	5.6	5.8	6.0	6.2	6.4	6.6
	材积 (m³)							
24	0.308	0.322	0.336	0.351	0.366	0.380	0.396	0.411
26	0.356	0.373	0.389	0.406	0.423	0.440	0.457	0.474
28	0.409	0.427	0.446	0.465	0.484	0.503	0.522	0.542
30	0.465	0.486	0.507	0.528	0.549	0.571	0.592	0.614
32	0.525	0.548	0.571	0.595	0.619	0.643	0.667	0.691
34	0.588	0.614	0.640	0.666	0.692	0.719	0.746	0.772
36	0.655	0.683	0.712	0.741	0.770	0.799	0.829	0.858
38	0.725	0.757	0.788	0.820	0.852	0.884	0.916	0.949
40	0.800	0.834	0.869	0.903	0.938	0.973	1.008	1.044
42	0.877	0.915	0.953	0.990	1.028	1.067	1.105	1.143
44	0.959	0.999	1.040	1.082	1.123	1.164	1.206	1.247
46	1.043	1.088	1.132	1.177	1.221	1.266	1.311	1.356
48	1.132	1.180	1.228	1.276	1.324	1.372	1.421	1.469
50	1.224	1.276	1.327	1.379	1.431	1.483	1.535	1.587

检尺径	检尺长（m）							
（cm）	5.2	5.4	5.6	5.8	6.0	6.2	6.4	6.6
	材积（m³）							
52	1.320	1.375	1.431	1.486	1.542	1.597	1.653	1.709
54	1.419	1.478	1.538	1.597	1.657	1.716	1.776	1.835
56	1.522	1.586	1.649	1.712	1.776	1.839	1.903	1.967
58	1.629	1.696	1.764	1.832	1.899	1.967	2.035	2.102
60	1.739	1.811	1.883	1.955	2.027	2.099	2.171	2.243
62	1.853	1.929	2.005	2.082	2.158	2.235	2.311	2.388
64	1.970	2.051	2.132	2.213	2.294	2.375	2.456	2.537
66	2.091	2.177	2.263	2.348	2.434	2.520	2.605	2.691
68	2.216	2.306	2.397	2.487	2.578	2.668	2.759	2.849
70	2.344	2.439	2.535	2.631	2.726	2.822	2.917	3.012
72	2.476	2.576	2.677	2.778	2.879	2.979	3.079	3.180
74	2.611	2.717	2.823	2.929	3.035	3.141	3.246	3.352
76	2.750	2.862	2.973	3.084	3.196	3.307	3.417	3.528
78	2.893	3.010	3.127	3.244	3.360	3.477	3.593	3.709

检尺径 (cm)	检尺长(m)							
	5.2	5.4	5.6	5.8	6.0	6.2	6.4	6.6
	材积(m³)							
80	3.039	3.162	3.284	3.407	3.529	3.651	3.773	3.895
82	3.189	3.317	3.446	3.574	3.702	3.830	3.958	4.085
84	3.342	3.477	3.611	3.745	3.879	4.013	4.146	4.279
86	3.499	3.640	3.780	3.921	4.061	4.200	4.340	4.479
88	3.660	3.807	3.953	4.100	4.246	4.392	4.537	4.682
90	3.824	3.977	4.130	4.283	4.436	4.588	4.739	4.891
92	3.992	4.152	4.311	4.471	4.629	4.788	4.946	5.103
94	4.163	4.330	4.496	4.662	4.827	4.992	5.157	5.321
96	4.338	4.512	4.685	4.857	5.029	5.201	5.372	5.542
98	4.517	4.697	4.877	5.057	5.235	5.414	5.592	5.769
100	4.699	4.887	5.073	5.260	5.446	5.631	5.816	6.000
102	4.885	5.080	5.274	5.467	5.660	5.853	6.044	6.235
104	5.074	5.276	5.478	5.679	5.879	6.078	6.277	6.475
106	5.267	5.477	5.686	5.894	6.101	6.308	6.514	6.720

检尺径 （cm）	检尺长（m）							
	5.2	5.4	5.6	5.8	6.0	6.2	6.4	6.6
	材积（m³）							
108	5.464	5.681	5.898	6.113	6.328	6.543	6.756	6.969
110	5.664	5.889	6.113	6.337	6.559	6.781	7.002	7.222
112	5.868	6.101	6.333	6.564	6.794	7.024	7.252	7.480
114	6.076	6.316	6.556	6.795	7.034	7.271	7.507	7.743
116	6.287	6.536	6.784	7.031	7.277	7.522	7.767	8.010
118	6.502	6.759	7.015	7.270	7.525	7.778	8.030	8.281
120	6.720	6.985	7.250	7.514	7.776	8.038	8.298	8.558

检尺径 （cm）	检尺长（m）							
	6.8	7.0	7.2	7.4	7.6	7.8	8.0	8.2
	材积（m³）							
4	0.028 1	0.029 7	0.031 3	0.033 0	0.034 7	0.036 4	0.038 2	0.040 1
5	0.036 4	0.038 3	0.040 3	0.042 3	0.044 4	0.046 5	0.048 7	0.050 9
6	0.045 8	0.048 1	0.050 4	0.052 8	0.055 2	0.057 8	0.060 3	0.063 0

检尺径 (cm)	检尺长（m）							
	6.8	7.0	7.2	7.4	7.6	7.8	8.0	8.2
	材积（m³）							
7	0.056 2	0.058 9	0.061 6	0.064 4	0.067 3	0.070 3	0.073 3	0.076 4
8	0.068	0.071	0.074	0.077	0.081	0.084	0.087	0.091
9	0.080	0.084	0.088	0.091	0.095	0.099	0.103	0.107
10	0.094	0.098	0.102	0.106	0.111	0.115	0.120	0.124
11	0.109	0.113	0.118	0.123	0.128	0.133	0.138	0.143
12	0.124	0.130	0.135	0.140	0.146	0.151	0.157	0.163
13	0.141	0.147	0.153	0.159	0.165	0.171	0.177	0.184
14	0.169	0.176	0.184	0.191	0.199	0.206	0.214	0.222
16	0.211	0.220	0.229	0.238	0.247	0.256	0.265	0.274
18	0.258	0.268	0.278	0.289	0.300	0.310	0.321	0.332
20	0.309	0.321	0.333	0.345	0.358	0.370	0.383	0.395
22	0.365	0.379	0.393	0.407	0.421	0.435	0.450	0.464
24	0.426	0.442	0.457	0.473	0.489	0.506	0.522	0.539
26	0.491	0.509	0.527	0.545	0.563	0.581	0.600	0.618

检尺径 (cm)	检尺长（m）							
	6.8	7.0	7.2	7.4	7.6	7.8	8.0	8.2
	材积（m³）							
28	0.561	0.581	0.601	0.621	0.642	0.662	0.683	0.704
30	0.636	0.658	0.681	0.703	0.726	0.748	0.771	0.795
32	0.715	0.740	0.765	0.790	0.815	0.840	0.865	0.891
34	0.799	0.827	0.854	0.881	0.909	0.937	0.965	0.993
36	0.888	0.918	0.948	0.978	1.008	1.039	1.069	1.100
38	0.981	1.014	1.047	1.080	1.113	1.146	1.180	1.213
40	1.079	1.115	1.151	1.186	1.223	1.259	1.295	1.332
42	1.182	1.221	1.259	1.298	1.337	1.377	1.416	1.456
44	1.289	1.331	1.373	1.415	1.457	1.500	1.542	1.585
46	1.401	1.446	1.492	1.537	1.583	1.628	1.674	1.720
48	1.518	1.566	1.615	1.664	1.713	1.762	1.811	1.860
50	1.639	1.691	1.743	1.796	1.848	1.901	1.954	2.006
52	1.765	1.821	1.877	1.933	1.989	2.045	2.101	2.158
54	1.895	1.955	2.015	2.075	2.135	2.195	2.255	2.315

检尺径 (cm)	检尺长（m）							
	6.8	7.0	7.2	7.4	7.6	7.8	8.0	8.2
	材积（m³）							
56	2.030	2.094	2.158	2.222	2.286	2.349	2.413	2.477
58	2.170	2.238	2.306	2.374	2.442	2.510	2.577	2.645
60	2.315	2.387	2.459	2.531	2.603	2.675	2.747	2.819
62	2.464	2.540	2.617	2.693	2.769	2.845	2.922	2.998
64	2.618	2.699	2.779	2.860	2.941	3.021	3.102	3.183
66	2.776	2.862	2.947	3.032	3.117	3.203	3.288	3.373
68	2.939	3.029	3.119	3.209	3.299	3.389	3.479	3.568
70	3.107	3.202	3.297	3.392	3.486	3.581	3.675	3.770
72	3.280	3.380	3.479	3.579	3.678	3.778	3.877	3.976
74	3.457	3.562	3.667	3.771	3.876	3.980	4.084	4.188
76	3.639	3.749	3.859	3.969	4.078	4.188	4.297	4.406
78	3.825	3.940	4.056	4.171	4.286	4.400	4.515	4.629
80	4.016	4.137	4.258	4.378	4.499	4.619	4.738	4.858
82	4.212	4.338	4.465	4.591	4.716	4.842	4.967	5.092

检尺径 （cm）	检尺长（m）							
	6.8	7.0	7.2	7.4	7.6	7.8	8.0	8.2
	材积（m³）							
84	4.412	4.545	4.677	4.808	4.940	5.071	5.201	5.332
86	4.617	4.755	4.893	5.031	5.168	5.304	5.441	5.577
88	4.827	4.971	5.115	5.258	5.401	5.544	5.686	5.828
90	5.041	5.192	5.341	5.491	5.640	5.788	5.936	6.084
92	5.260	5.417	5.573	5.728	5.883	6.038	6.192	6.346
94	5.484	5.647	5.809	5.971	6.132	6.293	6.453	6.613
96	5.712	5.882	6.050	6.219	6.386	6.553	6.720	6.886
98	5.945	6.121	6.297	6.471	6.645	6.819	6.992	7.164
100	6.183	6.366	6.548	6.729	6.910	7.090	7.269	7.448
102	6.425	6.615	6.804	6.992	7.179	7.366	7.552	7.737
104	6.672	6.869	7.065	7.259	7.454	7.647	7.840	8.032
106	6.924	7.128	7.330	7.532	7.733	7.934	8.134	8.333
108	7.180	7.391	7.601	7.810	8.018	8.226	8.433	8.638
110	7.441	7.659	7.877	8.093	8.308	8.523	8.737	8.950

检尺径	检尺长（m）							
（cm）	6.8	7.0	7.2	7.4	7.6	7.8	8.0	8.2
	材积（m³）							
112	7.707	7.932	8.157	8.381	8.604	8.826	9.047	9.267
114	7.977	8.210	8.443	8.674	8.904	9.133	9.362	9.589
116	8.252	8.493	8.733	8.972	9.210	9.446	9.682	9.917
118	8.532	8.780	9.028	9.275	9.520	9.765	10.008	10.251
120	8.816	9.073	9.328	9.583	9.836	10.088	10.339	10.590

检尺径	检尺长（m）							
（cm）	8.4	8.6	8.8	9.0	9.2	9.4	9.6	9.8
	材积（m³）							
4	0.042 0	0.044 0	0.046 0	0.048 1	0.050 3	0.052 5	0.054 7	0.057 1
5	0.053 2	0.055 6	0.058 0	0.060 5	0.063 0	0.065 7	0.068 3	0.071 1
6	0.065 7	0.068 5	0.071 3	0.074 3	0.077 3	0.080 3	0.083 4	0.086 6
7	0.079 5	0.082 8	0.086 1	0.089 5	0.092 9	0.096 5	0.100 1	0.103 7
8	0.095	0.098	0.102	0.106	0.110	0.114	0.118	0.122

检尺径 (cm)	检尺长（m）							
	8.4	8.6	8.8	9.0	9.2	9.4	9.6	9.8
	材积（m³）							
9	0.111	0.115	0.120	0.124	0.129	0.133	0.138	0.143
10	0.129	0.134	0.139	0.144	0.149	0.154	0.159	0.164
11	0.148	0.153	0.159	0.164	0.170	0.176	0.182	0.188
12	0.168	0.174	0.180	0.187	0.193	0.199	0.206	0.212
13	0.190	0.197	0.204	0.210	0.217	0.224	0.231	0.239
14	0.230	0.239	0.247	0.256	0.264	0.273	0.282	0.292
16	0.284	0.294	0.304	0.314	0.324	0.335	0.345	0.356
18	0.343	0.355	0.366	0.378	0.390	0.402	0.414	0.427
20	0.408	0.422	0.435	0.448	0.462	0.476	0.490	0.504
22	0.479	0.494	0.509	0.525	0.540	0.556	0.572	0.588
24	0.555	0.572	0.589	0.607	0.624	0.642	0.660	0.678
26	0.637	0.656	0.676	0.695	0.715	0.734	0.754	0.775
28	0.725	0.746	0.767	0.789	0.811	0.833	0.855	0.878
30	0.818	0.842	0.865	0.889	0.913	0.938	0.962	0.987

检尺径 (cm)	检尺长(m)							
	8.4	8.6	8.8	9.0	9.2	9.4	9.6	9.8
	材积(m³)							
32	0.917	0.943	0.969	0.995	1.022	1.049	1.076	1.103
34	1.021	1.050	1.078	1.107	1.136	1.166	1.195	1.225
36	1.131	1.162	1.194	1.225	1.257	1.289	1.321	1.354
38	1.247	1.281	1.315	1.349	1.384	1.419	1.454	1.489
40	1.368	1.405	1.442	1.479	1.517	1.555	1.593	1.631
42	1.495	1.535	1.575	1.615	1.656	1.697	1.737	1.779
44	1.628	1.671	1.714	1.757	1.801	1.845	1.889	1.933
46	1.766	1.812	1.859	1.905	1.952	1.999	2.046	2.094
48	1.910	1.959	2.009	2.059	2.109	2.160	2.210	2.261
50	2.059	2.112	2.166	2.219	2.273	2.327	2.381	2.435
52	2.214	2.271	2.328	2.385	2.442	2.500	2.557	2.615
54	2.375	2.436	2.496	2.557	2.618	2.679	2.740	2.802
56	2.542	2.606	2.670	2.735	2.799	2.864	2.929	2.995
58	2.714	2.782	2.850	2.918	2.987	3.056	3.125	3.194

检尺径 (cm)	检尺长(m)							
	8.4	8.6	8.8	9.0	9.2	9.4	9.6	9.8
	材积(m³)							
60	2.891	2.963	3.036	3.108	3.181	3.254	3.327	3.400
62	3.074	3.151	3.227	3.304	3.381	3.458	3.535	3.612
64	3.263	3.344	3.425	3.506	3.587	3.668	3.749	3.831
66	3.458	3.543	3.628	3.713	3.799	3.884	3.970	4.056
68	3.658	3.748	3.837	3.927	4.017	4.107	4.197	4.287
70	3.864	3.958	4.052	4.147	4.241	4.336	4.430	4.525
72	4.075	4.174	4.273	4.372	4.471	4.571	4.670	4.770
74	4.292	4.396	4.500	4.604	4.708	4.812	4.916	5.020
76	4.515	4.624	4.733	4.842	4.950	5.059	5.168	5.278
78	4.743	4.857	4.971	5.085	5.199	5.313	5.427	5.541
80	4.977	5.096	5.216	5.335	5.454	5.573	5.692	5.811
82	5.217	5.341	5.466	5.590	5.715	5.839	5.963	6.088
84	5.462	5.592	5.722	5.852	5.981	6.111	6.241	6.371
86	5.713	5.848	5.984	6.119	6.254	6.390	6.525	6.660

检尺径（cm）	检尺长（m）							
	8.4	8.6	8.8	9.0	9.2	9.4	9.6	9.8
	材积（m³）							
88	5.969	6.111	6.252	9.393	6.534	6.674	6.815	6.956
90	6.231	6.379	6.525	6.672	6.819	6.965	7.112	7.258
92	6.499	6.652	6.805	6.958	7.110	7.262	7.415	7.567
94	6.773	6.932	7.090	7.249	7.407	7.566	7.724	7.882
96	7.052	7.217	7.382	7.546	7.711	7.875	8.039	8.204
98	7.336	7.508	7.679	7.850	8.020	8.191	8.361	8.531
100	7.626	7.804	7.982	8.159	8.336	8.513	8.689	8.866
102	7.922	8.107	8.291	8.474	8.658	8.841	9.024	9.207
104	8.224	8.415	8.605	8.796	8.985	9.175	9.364	9.554
106	8.531	8.729	8.926	9.123	9.319	9.515	9.711	9.907
108	8.844	9.048	9.252	9.456	9.659	9.862	10.065	10.268
110	9.162	9.374	9.585	9.795	10.005	10.215	10.425	10.634
112	9.486	9.705	9.923	10.140	10.357	10.574	10.791	11.007
114	9.816	10.042	10.267	10.492	10.716	10.939	11.163	11.386

检尺径(cm)	检尺长(m)							
	8.4	8.6	8.8	9.0	9.2	9.4	9.6	9.8
	材积(m³)							
116	10.151	10.384	10.617	10.849	11.080	11.311	11.542	11.772
118	10.492	10.733	10.973	11.212	11.451	11.689	11.927	12.164
120	10.839	11.087	11.334	11.581	11.827	12.073	12.318	12.563

检尺径(cm)	检尺长(m)							
	10.0	10.2	10.4	10.6	10.8	11.0	11.2	11.4
	材积(m³)							
14	0.301	0.304	0.307	0.316	0.325	0.335	0.344	0.354
16	0.367	0.371	0.374	0.385	0.396	0.407	0.418	0.429
18	0.440	0.444	0.448	0.460	0.473	0.486	0.499	0.512
20	0.519	0.524	0.528	0.543	0.557	0.572	0.587	0.602
22	0.604	0.610	0.616	0.632	0.649	0.666	0.683	0.700
24	0.697	0.703	0.709	0.728	0.747	0.766	0.785	0.804
26	0.795	0.803	0.810	0.831	0.852	0.873	0.895	0.916

检尺径 (cm)	检尺长（m）							
	10.0	10.2	10.4	10.6	10.8	11.0	11.2	11.4
	材积（m³）							
28	0.900	0.909	0.917	0.940	0.964	0.988	1.012	1.036
30	1.012	1.022	1.031	1.057	1.083	1.109	1.136	1.162
32	1.131	1.141	1.151	1.180	1.209	1.238	1.267	1.296
34	1.255	1.267	1.278	1.310	1.341	1.373	1.405	1.437
36	1.387	1.400	1.412	1.446	1.481	1.516	1.551	1.586
38	1.525	1.539	1.553	1.590	1.627	1.665	1.703	1.742
40	1.669	1.684	1.700	1.740	1.781	1.822	1.863	1.905
42	1.820	1.837	1.854	1.897	1.941	1.986	2.030	2.075
44	1.978	1.996	2.014	2.061	2.108	2.156	2.204	2.253
46	2.142	2.161	2.181	2.232	2.283	2.334	2.386	2.438
48	2.312	2.334	2.355	2.409	2.464	2.519	2.574	2.630
50	2.489	2.512	2.535	2.593	2.652	2.711	2.770	2.829
52	2.673	2.698	2.722	2.784	2.847	2.910	2.973	3.036
54	2.863	2.890	2.916	2.982	3.049	3.115	3.183	3.250

检尺径	检尺长（m）							
（cm）	10.0	10.2	10.4	10.6	10.8	11.0	11.2	11.4
	材积（m³）							
56	3.060	3.088	3.116	3.187	3.257	3.328	3.400	3.472
58	3.263	3.293	3.323	3.398	3.473	3.548	3.624	3.701
60	3.473	3.505	3.537	3.616	3.695	3.775	3.856	3.937
62	3.690	3.723	3.757	3.841	3.925	4.010	4.095	4.180
64	3.912	3.948	3.984	4.073	4.161	4.251	4.340	4.431
66	4.142	4.180	4.218	4.311	4.405	4.499	4.593	4.688
68	4.378	4.418	4.458	4.556	4.655	4.754	4.854	4.954
70	4.620	4.663	4.705	4.808	4.912	5.016	5.121	5.226
72	4.869	4.914	4.959	5.067	5.176	5.286	5.395	5.506
74	5.125	5.172	5.219	5.333	5.447	5.562	5.677	5.793
76	5.387	5.436	5.486	5.605	5.725	5.845	5.966	6.087
78	5.656	5.708	5.759	5.884	6.010	6.136	6.262	6.389
80	5.931	5.985	6.040	6.170	6.301	6.433	6.565	6.698
82	6.213	6.270	6.326	6.463	6.600	6.738	6.876	7.014

检尺径 （cm）	检尺长（m）							
	10.0	10.2	10.4	10.6	10.8	11.0	11.2	11.4
	材积（m³）							
84	6.501	6.560	6.620	6.762	6.905	7.049	7.193	7.338
86	6.796	6.858	6.920	7.069	7.218	7.368	7.518	7.669
88	7.097	7.162	7.227	7.382	7.537	7.693	7.850	8.007
90	7.405	7.473	7.540	7.702	7.863	8.026	8.189	8.353
92	7.719	7.790	7.861	8.028	8.197	8.366	8.535	8.705
94	8.040	8.114	8.187	8.362	8.537	8.712	8.888	9.065
96	8.368	8.444	8.521	8.702	8.884	9.066	9.249	9.433
98	8.702	8.781	8.861	9.049	9.238	9.427	9.617	9.807
100	9.043	9.125	9.208	9.403	9.598	9.795	9.992	10.189
102	9.390	9.475	9.561	9.763	9.966	10.170	10.374	10.579
104	9.743	9.832	9.921	10.131	10.341	10.551	10.763	10.975
106	10.103	10.196	10.288	10.505	10.722	10.940	11.159	11.379
108	10.470	10.566	10.661	10.886	11.111	11.336	11.563	11.790
110	10.843	10.942	11.042	11.273	11.506	11.739	11.974	12.208

检尺径 （cm）	检尺长（m）							
	10.0	10.2	10.4	10.6	10.8	11.0	11.2	11.4
	材积（m³）							
112	11.223	11.326	11.428	11.668	11.908	12.150	12.391	12.634
114	11.610	11.716	11.822	12.069	12.317	12.567	12.817	13.067
116	12.002	12.112	12.222	12.477	12.734	12.991	13.249	13.508
118	12.402	12.515	12.628	12.892	13.157	13.422	13.688	13.955
120	12.808	12.925	13.042	13.314	13.587	13.860	14.135	14.410

检尺径 （cm）	检尺长（m）							
	11.6	11.8	12.0	12.2	12.4	12.6	12.8	13.0
	材积（m³）							
14	0.364	0.374	0.384	0.394	0.405	0.415	0.426	0.437
16	0.441	0.453	0.465	0.477	0.489	0.501	0.514	0.527
18	0.526	0.539	0.553	0.567	0.581	0.595	0.610	0.624
20	0.618	0.633	0.649	0.665	0.681	0.697	0.714	0.730
22	0.717	0.735	0.753	0.771	0.789	0.807	0.826	0.845

检尺径	检尺长（m）							
（cm）	11.6	11.8	12.0	12.2	12.4	12.6	12.8	13.0
	材积（m³）							
24	0.824	0.844	0.864	0.884	0.905	0.925	0.946	0.967
26	0.938	0.961	0.983	1.006	1.029	1.052	1.075	1.099
28	1.060	1.085	1.110	1.135	1.160	1.186	1.212	1.238
30	1.189	1.217	1.244	1.272	1.300	1.328	1.357	1.386
32	1.326	1.356	1.386	1.417	1.448	1.479	1.510	1.542
34	1.470	1.503	1.536	1.569	1.603	1.637	1.671	1.706
36	1.621	1.657	1.693	1.730	1.767	1.804	1.841	1.879
38	1.780	1.819	1.859	1.898	1.938	1.978	2.019	2.059
40	1.947	1.989	2.031	2.074	2.117	2.161	2.205	2.249
42	2.120	2.166	2.212	2.258	2.305	2.352	2.399	2.446
44	2.301	2.351	2.400	2.450	2.500	2.550	2.601	2.652
46	2.490	2.543	2.596	2.649	2.703	2.757	2.812	2.867
48	2.686	2.743	2.799	2.857	2.914	2.972	3.030	3.089
50	2.889	2.950	3.011	3.072	3.133	3.195	3.257	3.320

检尺径 (cm)	检尺长(m)							
	11.6	11.8	12.0	12.2	12.4	12.6	12.8	13.0
	材积(m³)							
52	3.100	3.165	3.229	3.295	3.360	3.426	3.492	3.559
54	3.319	3.387	3.456	3.525	3.595	3.665	3.736	3.807
56	3.544	3.617	3.690	3.764	3.838	3.912	3.987	4.063
58	3.777	3.855	3.932	4.010	4.089	4.168	4.247	4.327
60	4.018	4.100	4.182	4.264	4.347	4.431	4.515	4.599
62	4.266	4.352	4.439	4.526	4.614	4.702	4.791	4.880
64	4.521	4.612	4.704	4.796	4.889	4.982	5.075	5.169
66	4.784	4.880	4.977	5.074	5.171	5.269	5.368	5.467
68	5.054	5.155	5.257	5.359	5.462	5.565	5.668	5.772
70	5.332	5.438	5.545	5.652	5.760	5.868	5.977	6.086
72	5.617	5.729	5.841	5.953	6.066	6.180	6.294	6.409
74	5.910	6.027	6.144	6.262	6.381	6.500	6.619	6.739
76	6.209	6.332	6.455	6.579	6.703	6.827	6.953	7.079
78	6.517	6.645	6.774	6.903	7.033	7.163	7.294	7.426

检尺径 (cm)	检尺长(m)							
	11.6	11.8	12.0	12.2	12.4	12.6	12.8	13.0
	材积(m³)							
80	6.832	6.966	7.100	7.235	7.371	7.507	7.644	7.782
82	7.154	7.294	7.434	7.575	7.717	7.859	8.002	8.146
84	7.483	7.629	7.776	7.923	8.071	8.219	8.368	8.518
86	7.820	7.973	8.125	8.279	8.433	8.587	8.743	8.899
88	8.165	8.323	8.483	8.642	8.803	8.964	9.125	9.287
90	8.517	8.682	8.847	9.014	9.180	9.348	9.516	9.685
92	8.876	9.048	9.220	9.393	9.566	9.740	9.915	10.090
94	9.243	9.421	9.600	9.780	9.960	10.141	10.322	10.504
96	9.617	9.802	9.988	10.174	10.361	10.549	10.737	10.927
98	9.999	10.191	10.383	10.577	10.771	10.966	11.161	11.357
100	10.388	10.587	10.787	10.987	11.188	11.390	11.593	11.796
102	10.784	10.990	11.197	11.405	11.614	11.823	12.033	12.243
104	11.188	11.402	11.616	11.831	12.047	12.263	12.481	12.699
106	11.599	11.820	12.042	12.265	12.488	12.712	12.937	13.163

检尺径 (cm)	检尺长 (m)							
	11.6	11.8	12.0	12.2	12.4	12.6	12.8	13.0
	材积 (m³)							
108	12.018	12.247	12.476	12.706	12.937	13.169	13.401	13.635
110	12.444	12.681	12.918	13.156	13.394	13.634	13.874	14.115
112	12.878	13.122	13.367	13.613	13.859	14.107	14.355	14.604
114	13.319	13.571	13.824	14.078	14.332	14.588	14.844	15.101
116	13.767	14.027	14.289	14.551	14.813	15.077	15.341	15.607
118	14.223	14.492	14.761	15.031	15.302	15.574	15.847	16.120
120	14.686	14.963	15.241	15.520	15.799	16.079	16.360	16.642

检尺径 (cm)	检尺长 (m)							
	13.2	13.4	13.6	13.8	14.0	14.2	14.4	14.6
	材积 (m³)							
14	0.448	0.459	0.471	0.482	0.494	0.506	0.518	0.530
16	0.539	0.552	0.566	0.579	0.592	0.606	0.620	0.634
18	0.639	0.654	0.669	0.684	0.700	0.716	0.732	0.748

检尺径	检尺长（m）							
（cm）	13.2	13.4	13.6	13.8	14.0	14.2	14.4	14.6
	材积（m³）							
20	0.747	0.764	0.781	0.799	0.816	0.834	0.852	0.870
22	0.864	0.883	0.902	0.922	0.942	0.962	0.982	1.003
24	0.989	1.010	1.032	1.054	1.076	1.099	1.121	1.144
26	1.122	1.146	1.171	1.195	1.220	1.245	1.270	1.295
28	1.264	1.291	1.318	1.345	1.372	1.400	1.427	1.455
30	1.415	1.444	1.473	1.503	1.533	1.564	1.594	1.625
32	1.573	1.606	1.638	1.671	1.704	1.737	1.770	1.804
34	1.741	1.776	1.811	1.847	1.883	1.919	1.955	1.992
36	1.916	1.955	1.993	2.032	2.071	2.110	2.150	2.190
38	2.101	2.142	2.184	2.226	2.268	2.311	2.354	2.397
40	2.293	2.338	2.383	2.428	2.474	2.520	2.566	2.613
42	2.494	2.542	2.591	2.640	2.689	2.739	2.789	2.839
44	2.704	2.756	2.808	2.860	2.913	2.966	3.020	3.074
46	2.922	2.977	3.033	3.089	3.146	3.203	3.260	3.318

检尺径	检尺长（m）							
（cm）	13.2	13.4	13.6	13.8	14.0	14.2	14.4	14.6
	材积（m³）							
48	3.148	3.208	3.267	3.327	3.388	3.449	3.510	3.572
50	3.383	3.446	3.510	3.574	3.639	3.704	3.769	3.835
52	3.626	3.694	3.762	3.830	3.899	3.958	4.037	4.107
54	3.878	3.950	4.022	4.095	4.168	4.241	4.315	4.389
56	4.138	4.214	4.291	4.368	4.445	4.523	4.601	4.680
58	4.407	4.487	4.569	4.650	4.732	4.814	4.897	4.980
60	4.684	4.769	4.855	4.941	5.028	5.115	5.202	5.290
62	4.969	5.060	5.150	5.241	5.332	5.424	5.517	5.609
64	5.263	5.358	5.454	5.550	5.646	5.743	5.840	5.938
66	5.566	5.666	5.766	5.867	5.968	6.070	6.173	6.276
68	5.877	5.982	6.087	6.193	6.300	6.407	6.515	6.623
70	6.196	6.306	6.417	6.529	6.640	6.753	6.866	6.979
72	6.524	6.640	6.756	6.873	6.990	7.108	7.226	7.345
74	6.860	6.981	7.103	7.225	7.348	7.472	7.596	7.720

检尺径 (cm)	检尺长（m）							
	13.2	13.4	13.6	13.8	14.0	14.2	14.4	14.6
	材积（m³）							
76	7.205	7.332	7.459	7.587	7.716	7.845	7.974	8.105
78	7.558	7.691	7.824	7.958	8.092	8.227	8.362	8.498
80	7.920	8.058	8.197	8.337	8.477	8.618	8.760	8.902
82	8.290	8.434	8.579	8.725	8.872	9.018	9.166	9.314
84	8.668	8.819	8.970	9.122	9.275	9.428	9.582	9.736
86	9.055	9.212	9.370	9.528	9.687	9.846	10.007	10.167
88	9.450	9.614	9.778	9.943	10.108	10.274	10.441	10.608
90	9.854	10.024	10.195	10.366	10.538	10.711	10.884	11.058
92	10.266	10.443	10.620	10.798	10.977	11.156	11.336	11.517
94	10.687	10.871	11.055	11.240	11.425	11.611	11.798	11.986
96	11.116	11.307	11.498	11.690	11.882	12.075	12.269	12.464
98	11.554	11.751	11.950	12.148	12.348	12.548	12.749	12.951
100	12.000	12.205	12.410	12.616	12.823	13.030	13.239	13.448
102	12.454	12.666	12.879	13.093	13.307	13.522	13.737	13.954

检尺径 (cm)	检尺长(m)							
	13.2	13.4	13.6	13.8	14.0	14.2	14.4	14.6
	材积(m³)							
104	12.917	13.137	13.357	13.578	13.800	14.022	14.245	14.469
106	13.389	13.616	13.844	14.072	14.301	14.531	14.762	14.993
108	13.869	14.103	14.339	14.575	14.812	15.050	15.288	15.527
110	14.357	14.599	14.843	15.087	15.332	15.577	15.824	16.071
112	14.854	15.104	15.355	15.607	15.860	16.114	16.368	16.624
114	15.359	15.617	15.877	16.137	16.398	16.660	16.922	17.186
116	15.872	16.139	16.407	16.675	16.944	17.215	17.485	17.757
118	16.395	16.670	16.946	17.222	17.500	17.778	18.058	18.338
120	16.925	17.209	17.493	17.778	18.064	18.351	18.639	18.928

检尺径 (cm)	检尺长(m)							
	14.8	15.0	15.2	15.4	15.6	15.8	16.0	16.2
	材积(m³)							
14	0.542	0.555	0.567	0.580	0.593	0.606	0.620	0.633

检尺径	检尺长（m）							
（cm）	14.8	15.0	15.2	15.4	15.6	15.8	16.0	16.2
	材积（m³）							
16	0.648	0.663	0.677	0.692	0.707	0.722	0.737	0.753
18	0.764	0.780	0.797	0.814	0.831	0.848	0.865	0.883
20	0.889	0.908	0.926	0.945	0.965	0.984	1.004	1.023
22	1.023	1.044	1.065	1.087	1.108	1.130	1.152	1.174
24	1.167	1.191	1.214	1.238	1.262	1.286	1.311	1.335
26	1.321	1.347	1.373	1.399	1.426	1.453	1.480	1.507
28	1.484	1.512	1.541	1.570	1.599	1.629	1.659	1.689
30	1.656	1.688	1.719	1.751	1.783	1.816	1.848	1.881
32	1.838	1.872	1.907	1.942	1.977	2.012	2.048	2.084
34	2.029	2.067	2.104	2.142	2.181	2.219	2.258	2.297
36	2.230	2.271	2.312	2.353	2.394	2.436	2.478	2.520
38	2.440	2.484	2.529	2.573	2.618	2.663	2.708	2.754
40	2.660	2.708	2.755	2.803	2.851	2.900	2.949	2.998
42	2.889	2.940	2.992	3.043	3.095	3.147	3.200	3.253

检尺径 (cm)	检尺长（m）							
	14.8	15.0	15.2	15.4	15.6	15.8	16.0	16.2
	材积(m³)							
44	3.128	3.183	3.238	3.293	3.349	3.405	3.461	3.518
46	3.376	3.435	3.494	3.553	3.612	3.672	3.732	3.793
48	3.634	3.696	3.759	3.822	3.886	3.950	4.014	4.079
50	3.901	3.968	4.034	4.102	4.169	4.237	4.306	4.375
52	4.178	4.248	4.319	4.391	4.463	4.535	4.608	4.681
54	4.464	4.539	4.614	4.690	4.766	4.843	4.920	4.998
56	4.759	4.839	4.919	4.999	5.080	5.161	5.243	5.325
58	5.064	5.148	5.233	5.318	5.403	5.489	5.576	5.662
60	5.379	5.468	5.557	5.647	5.737	5.828	5.919	6.010
62	5.703	5.796	5.890	5.985	6.080	6.176	6.272	6.369
64	6.036	6.135	6.234	6.334	6.434	6.534	6.636	6.737
66	6.379	6.483	6.587	6.692	6.797	6.903	7.009	7.116
68	6.731	6.840	6.950	7.060	7.171	7.282	7.393	7.505
70	7.093	7.208	7.322	7.438	7.554	7.670	7.788	7.905

检尺径 (cm)	检尺长（m）							
	14.8	15.0	15.2	15.4	15.6	15.8	16.0	16.2
	材积（m³）							
72	7.464	7.584	7.705	7.826	7.947	8.069	8.192	8.315
74	7.845	7.971	8.097	8.223	8.351	8.478	8.607	8.736
76	8.235	8.367	8.499	8.631	8.764	8.898	9.032	9.166
78	8.635	8.772	8.910	9.048	9.187	9.327	9.467	9.608
80	9.044	9.188	9.331	9.476	9.621	9.766	9.912	10.059
82	9.463	9.612	9.762	9.913	10.064	10.216	10.368	10.521
84	9.891	10.047	10.203	10.360	10.517	10.675	10.834	10.993
86	10.329	10.491	10.653	10.817	10.980	11.145	11.310	11.476
88	10.776	10.944	11.113	11.283	11.454	11.625	11.796	11.969
90	11.232	11.408	11.583	11.760	11.937	12.115	12.293	12.472
92	11.698	11.880	12.063	12.246	12.430	12.615	12.800	12.986
94	12.174	12.363	12.552	12.742	12.933	13.125	13.317	13.510
96	12.659	12.855	13.051	13.249	13.447	13.645	13.844	14.045
98	13.153	13.356	13.560	13.765	13.970	14.176	14.382	14.589

检尺径	检尺长(m)							
(cm)	14.8	15.0	15.2	15.4	15.6	15.8	16.0	16.2
	材积(m³)							
100	13.657	13.868	14.079	14.290	14.503	14.716	14.930	15.145
102	14.171	14.388	14.607	14.826	15.046	15.267	15.488	15.710
104	14.693	14.919	15.145	15.372	15.599	15.827	16.056	16.286
106	15.226	15.459	15.692	15.927	16.162	16.398	16.635	16.872
108	15.768	16.008	16.250	16.492	16.735	16.979	17.224	17.469
110	16.319	16.568	16.817	17.067	17.318	17.570	17.823	18.076
112	16.880	17.136	17.394	17.652	17.911	18.171	18.432	18.694
114	17.450	17.715	17.980	18.247	18.514	18.783	19.052	19.321
116	18.029	18.303	18.577	18.852	19.127	19.404	19.681	19.959
118	18.619	18.900	19.183	19.466	19.750	20.035	20.321	20.608
120	19.217	19.508	19.799	20.091	20.383	20.677	20.972	21.267

检尺径	检尺长(m)							
(cm)	16.4	16.6	16.8	17.0	17.2	17.4	17.6	17.8
	材积(m³)							
14	0.647	0.660	0.674	0.689	0.703	0.717	0.732	0.747
16	0.768	0.784	0.800	0.816	0.833	0.849	0.866	0.883
18	0.901	0.919	0.937	0.955	0.974	0.992	1.011	1.030
20	1.043	1.064	1.084	1.105	1.126	1.147	1.168	1.189
22	1.197	1.219	1.242	1.265	1.288	1.312	1.336	1.360
24	1.360	1.385	1.411	1.437	1.462	1.488	1.515	1.541
26	1.535	1.562	1.590	1.619	1.647	1.676	1.705	1.734
28	1.719	1.750	1.781	1.812	1.843	1.875	1.907	1.939
30	1.915	1.948	1.982	2.016	2.050	2.085	2.120	2.155
32	2.120	2.157	2.194	2.231	2.268	2.306	2.344	2.382
34	2.336	2.376	2.416	2.457	2.497	2.538	2.579	2.621
36	2.563	2.606	2.650	2.693	2.737	2.781	2.826	2.871
38	2.800	2.847	2.894	2.941	2.988	3.036	3.084	3.132
40	3.048	3.098	3.148	3.199	3.250	3.301	3.353	3.405
42	3.306	3.360	3.414	3.468	3.523	3.578	3.634	3.689

检尺径	检尺长(m)							
(cm)	16.4	16.6	16.8	17.0	17.2	17.4	17.6	17.8
	材积(m³)							
44	3.575	3.632	3.690	3.749	3.807	3.866	3.925	3.985
46	3.854	3.916	3.977	4.040	4.102	4.165	4.228	4.292
48	4.144	4.209	4.275	4.341	4.408	4.475	4.543	4.610
50	4.444	4.514	4.584	4.654	4.725	4.796	4.868	4.940
52	4.755	4.829	4.903	4.978	5.053	5.129	5.205	5.281
54	5.076	5.154	5.233	5.313	5.392	5.472	5.553	5.634
56	5.408	5.491	5.574	5.658	5.742	5.827	5.912	5.998
58	5.750	5.837	5.926	6.014	6.103	6.193	6.283	6.373
60	6.102	6.195	6.288	6.381	6.475	6.570	6.665	6.760
62	6.466	6.563	6.661	6.760	6.858	6.958	7.058	7.158
64	6.839	6.942	7.045	7.149	7.253	7.357	7.462	7.568
66	7.223	7.331	7.440	7.548	7.658	7.767	7.878	7.989
68	7.618	7.731	7.845	7.959	8.074	8.189	8.305	8.421
70	8.023	8.142	8.261	8.381	8.501	8.622	8.743	8.865

检尺径 （cm）	检尺长（m）							
	16.4	16.6	16.8	17.0	17.2	17.4	17.6	17.8
	材积（m³）							
72	8.439	8.563	8.688	8.813	8.939	9.065	9.192	9.320
74	8.865	8.995	9.125	9.257	9.388	9.520	9.653	9.786
76	9.302	9.437	9.574	9.711	9.848	9.986	10.125	10.264
78	9.749	9.891	10.033	10.176	10.319	10.464	10.608	10.753
80	10.206	10.354	10.503	10.652	10.802	10.952	11.103	11.254
82	10.674	10.829	10.983	11.139	11.295	11.451	11.608	11.766
84	11.153	11.314	11.475	11.637	11.799	11.962	12.125	12.290
86	11.642	11.809	11.977	12.145	12.314	12.484	12.654	12.825
88	12.142	12.315	12.490	12.665	12.840	13.016	13.193	13.371
90	12.652	12.832	13.013	13.195	13.377	13.560	13.744	13.928
92	13.173	13.360	13.548	13.736	13.926	14.116	14.306	14.497
94	13.704	13.898	14.093	14.289	14.485	14.682	14.880	15.078
96	14.245	14.447	14.649	14.852	15.055	15.259	15.464	15.670
98	14.797	15.006	15.215	15.425	15.636	15.848	16.060	16.273

检尺径 (cm)	检尺长(m)							
	16.4	16.6	16.8	17.0	17.2	17.4	17.6	17.8
	材积(m³)							
100	15.360	15.576	15.793	16.010	16.228	16.447	16.667	16.888
102	15.933	16.157	16.381	16.606	16.832	17.058	17.286	17.514
104	16.517	16.748	16.980	17.213	17.446	17.680	17.915	18.151
106	17.111	17.350	17.589	17.830	18.071	18.313	18.556	18.800
108	17.715	17.962	18.210	18.458	18.707	18.957	19.208	19.460
110	18.330	18.585	18.841	19.097	19.355	19.613	19.872	20.131
112	18.956	19.219	19.483	19.748	20.013	20.279	20.546	20.814
114	19.592	19.863	20.135	20.409	20.682	20.957	21.232	21.509
116	20.238	20.518	20.799	21.080	21.363	21.646	21.930	22.214
118	20.895	21.184	21.473	21.763	22.054	22.346	22.638	22.932
120	21.563	21.860	22.158	22.457	22.756	23.057	23.358	23.660

检尺径	检尺长（m）							
（cm）	18.0	18.2	18.4	18.6	18.8	19.0	19.2	19.4
	材积（m³）							
14	0.762	0.777	0.792	0.808	0.824	0.839	0.855	0.872
16	0.900	0.917	0.935	0.952	0.970	0.988	1.007	1.025
18	1.050	1.069	1.089	1.109	1.129	1.150	1.170	1.191
20	1.211	1.233	1.255	1.277	1.300	1.323	1.346	1.369
22	1.384	1.408	1.433	1.458	1.483	1.508	1.534	1.560
24	1.568	1.595	1.622	1.650	1.678	1.706	1.734	1.763
26	1.764	1.794	1.824	1.854	1.885	1.916	1.947	1.978
28	1.971	2.004	2.037	2.070	2.104	2.138	2.172	2.206
30	2.190	2.226	2.262	2.298	2.335	2.372	2.409	2.446
32	2.421	2.459	2.499	2.538	2.578	2.618	2.658	2.699
34	2.663	2.705	2.747	2.790	2.833	2.876	2.920	2.964
36	2.916	2.962	3.007	3.054	3.100	3.147	3.194	3.241
38	3.181	3.230	3.279	3.329	3.379	3.430	3.480	3.531
40	3.457	3.510	3.563	3.617	3.670	3.724	3.779	3.834
42	3.745	3.802	3.859	3.916	3.974	4.031	4.090	4.148

检尺径	检尺长(m)							
(cm)	18.0	18.2	18.4	18.6	18.8	19.0	19.2	19.4
	材积(m³)							
44	4.045	4.105	4.166	4.227	4.289	4.351	4.413	4.475
46	4.356	4.420	4.485	4.550	4.616	4.682	4.748	4.815
48	4.679	4.747	4.816	4.886	4.955	5.026	5.096	5.167
50	5.013	5.086	5.159	5.233	5.307	5.381	5.456	5.531
52	5.358	5.436	5.513	5.591	5.670	5.749	5.828	5.908
54	5.715	5.797	5.880	5.962	6.045	6.129	6.213	6.298
56	6.084	6.171	6.258	6.345	6.433	6.521	6.610	6.699
58	6.464	6.556	6.647	6.740	6.832	6.926	7.019	7.113
60	6.856	6.952	7.049	7.146	7.244	7.342	7.441	7.540
62	7.259	7.360	7.462	7.565	7.667	7.771	7.874	7.979
64	7.674	7.780	7.887	7.995	8.103	8.211	8.320	8.430
66	8.100	8.212	8.324	8.437	8.550	8.664	8.779	8.894
68	8.538	8.655	8.773	8.891	9.010	9.130	9.249	9.370
70	8.987	9.110	9.233	9.357	9.482	9.607	9.732	9.858

检尺径 （cm）	检尺长（m）							
	18.0	18.2	18.4	18.6	18.8	19.0	19.2	19.4
	材积（m³）							
72	9.448	9.576	9.706	9.835	9.965	10.096	10.228	10.359
74	9.920	10.055	10.190	10.325	10.461	10.598	10.735	10.873
76	10.404	10.544	10.685	10.827	10.969	11.112	11.255	11.399
78	10.899	11.046	11.193	11.340	11.489	11.638	11.787	11.937
80	11.406	11.559	11.712	11.866	12.021	12.176	12.331	12.488
82	11.925	12.084	12.243	12.404	12.564	12.726	12.888	13.051
84	12.455	12.620	12.786	12.953	13.120	13.288	13.457	13.626
86	12.996	13.168	13.341	13.514	13.688	13.863	14.038	14.214
88	13.549	13.728	13.907	14.087	14.268	14.450	14.632	14.814
90	14.113	14.299	14.485	14.672	14.860	15.048	15.237	15.427
92	14.689	14.882	15.075	15.269	15.464	15.659	15.855	16.052
94	15.277	15.477	15.677	15.878	16.080	16.283	16.486	16.690
96	15.876	16.083	16.291	16.499	16.708	16.918	17.128	17.340
98	16.487	16.701	16.916	17.132	17.348	17.566	17.783	18.002

检尺径 (cm)	检尺长(m)							
	18.0	18.2	18.4	18.6	18.8	19.0	19.2	19.4
	材积(m³)							
100	17.109	17.330	17.553	17.776	18.000	18.225	18.451	18.677
102	17.742	17.972	18.202	18.433	18.665	18.897	19.130	19.364
104	18.387	18.625	18.863	19.101	19.341	19.581	19.822	20.064
106	19.044	19.289	19.535	19.782	20.029	20.277	20.526	20.776
108	19.712	19.965	20.219	20.474	20.729	20.986	21.243	21.500
110	20.392	20.653	20.915	21.178	21.442	21.706	21.971	22.237
112	21.083	21.353	21.623	21.894	22.166	22.439	22.712	22.987
114	21.786	22.064	22.342	22.622	22.902	23.183	23.465	23.748
116	22.500	22.786	23.074	23.362	23.651	23.940	24.231	24.522
118	23.226	23.521	23.817	24.113	24.411	24.710	25.009	25.309
120	23.963	24.267	24.572	24.877	25.184	25.491	25.799	26.108

检尺径	检尺长(m)						
(cm)	19.6	19.8	20.0				
	材积(m³)						
14	0.888	0.905	0.922				
16	1.044	1.063	1.082				
18	1.212	1.233	1.254				
20	1.392	1.416	1.440				
22	1.586	1.612	1.638				
24	1.791	1.820	1.850				
26	2.010	2.041	2.074				
28	2.240	2.275	2.310				
30	2.484	2.522	2.560				
32	2.740	2.781	2.822				
34	3.008	3.053	3.098				
36	3.289	3.337	3.386				
38	3.583	3.634	3.686				
40	3.889	3.944	4.000				
42	4.207	4.267	4.326				

检尺径 (cm)	检尺长(m)						
	19.6	19.8	20.0				
	材积(m³)						
44	4.538	4.602	4.666				
46	4.882	4.950	5.018				
48	5.238	5.310	5.382				
50	5.607	5.683	5.760				
52	5.989	6.069	6.150				
54	6.382	6.468	6.554				
56	6.789	6.879	6.970				
58	7.208	7.303	7.398				
60	7.639	7.739	7.840				
62	8.083	8.189	8.294				
64	8.540	8.651	8.762				
66	9.009	9.125	9.242				
68	9.491	9.612	9.734				
70	9.985	10.112	10.240				

检尺径	检尺长(m)							
(cm)	19.6	19.8	20.0					
	材积(m³)							
72	10.492	10.625	10.758					
74	11.011	11.150	11.290					
76	11.543	11.688	11.834					
78	12.087	12.239	12.390					
80	12.644	12.802	12.960					
82	13.214	13.378	13.542					
84	13.796	13.966	14.138					
86	14.391	14.568	14.746					
88	14.998	15.182	15.366					
90	15.617	15.808	16.000					
92	16.250	16.448	16.646					
94	16.894	17.100	17.306					
96	17.552	17.764	17.978					
98	18.221	18.442	18.662					

检尺径	检尺长(m)							
(cm)	19.6	19.8	20.0					
	材积(m³)							
100	18.904	19.132	19.360					
102	19.599	19.834	20.070					
104	20.306	20.550	20.794					
106	21.026	21.278	21.530					
108	21.759	22.018	22.278					
110	22.504	22.772	23.040					
112	23.262	23.538	23.814					
114	24.032	24.316	24.602					
116	24.815	25.108	25.402					
118	25.610	25.912	26.214					
120	26.418	26.728	27.040					

材积数字保留位数:检尺径 4～7cm 的原木材积数字保留 4 位小数,检尺径自 8cm 以上的原木材积数字保留 3 位小数。

1.4　小径原木材积表

1.4.1　小径原木材积计算公式
按 GB/T 4814—2013《原木材积表》规定的公式计算：

$$V=\frac{0.785\ 4L(D+0.45L+0.2)^2}{10\ 000}$$

式中：　V——材积，m³；
　　　　L——检尺长，m；
　　　　D——检尺径，cm。

1.4.2　小径原木（GB/T 11716—2018）材积表
材积表按 GB/T 4814—2013《原木材积表》的规定（本手册第1?页）执行。

1.5　短原木材积表

1.5.1　短原木材积计算公式
按 GB/T 4814—2013《原木材积表》规定的公式计算：

$$V=\frac{0.8L(D+0.5L)^2}{10\ 000}$$

式中： V——材积，m^3；

L——检尺长，m；

D——检尺径，cm。

1.5.2 短原木(LY/T 1506—2018)材积表

材积表按 GB/T 4814—2013《原木材积表》的规定(本手册第12页)执行。

1.6 檩材材积表

1.6.1 檩材材积计算公式

按 GB/T 4814《原木材积表》规定的公式计算。

1.6.2 檩材(LY/T 1157—2018)材积表

材积表按 GB/T 4814—2013《原木材积表》的规定(本手册第12页)执行。

1.7　橡材材积表

1.7.1　橡材材积计算公式

按 GB/T 4814—2013《原木材积表》规定的公式计算：

$$V = \frac{0.785\ 4L(D+0.45L+0.2)^2}{10\ 000}$$

式中：　V——材积，m³；

　　　　L——检尺长，m；

　　　　D——检尺径，cm。

1.7.2　橡材(LY/T 1158—2018)材积表

材积表按 GB/T 4814—2013《原木材积表》的规定(本手册第12页)执行。

1.8　木杆材积表

1.8.1　木杆材积计算公式

按 GB/T 4814—2013《原木材积表》规定的公式计算。

1.8.2　木杆(LY/T 1507—2018)材积表

材积表按 GB/T 4814—2013《原木材积表》的规定(本手册第 12 页)执行。

1.9　木枕材积表

1.9.1　木枕材积计算公式

本表根据 GB 154—2013《木枕》的规定编制,用于木枕材积计算。普通木枕折合立方米计算;桥梁木枕和道岔木枕按立方米计算,单材积按长方体体积公式计算,即:

$$V = \frac{L \cdot W \cdot T}{1\ 000\ 000}$$

式中：　V——材积,m^3；

　　　　L——长度,m；

　　　　W——宽度,mm；

　　　　T——厚度,mm。

1.9.2 木枕(GB 154—2013)材积表

材长(m)	宽(mm)×厚(mm)			
	200×145	200×220	200×240	220×160
	材积(m³)			
2.5	0.072 5	—	—	0.088 0
2.6	—	—	—	—
2.8	—	—	—	—
3.0	—	0.132 0	0.144 0	—
3.2	—	—	—	—
3.4	—	—	—	—
3.6	—	—	—	—
3.8	—	—	—	—
4.0	—	—	—	—
4.2	—	0.184 8	0.201 6	—
4.4	—	—	—	—

材长(m)	宽(mm)×厚(mm)			
	200×145	200×220	200×240	220×160
	材积(m³)			
4.6	—	—	—	—
4.8	—	0.211 2	0.230 4	—

材长(m)	宽(mm)×厚(mm)			
	220×260	220×280	240×160	240×300
	材积(m³)			
2.5	—	—	—	—
2.6	—	—	0.099 8	—
2.8	—	—	0.107 5	—
3.0	0.171 6	—	0.115 2	—

材长（m）	宽（mm）×厚（mm）			
	220×260	220×280	240×160	240×300
	材积（m³）			
3.2	—	0.197 1	0.122 9	0.230 4
3.4	—	—	0.130 6	0.244 8
3.6	—	—	0.138 2	—
3.8	—	—	0.145 9	—
4.0	—	—	0.153 6	—
4.2	0.240 2	0.258 7	0.161 3	0.302 4
4.4	—	—	0.169 0	—
4.6	—	—	0.176 6	—
4.8	0.274 6	0.295 7	0.184 3	0.345 6

第 2 章　木材缺陷检量与计算方法

木材缺陷是影响木材品质与等级的重要因子,也是木材检验的主要对象。本章根据 GB/T 155—2017《原木缺陷》和 GB/T 4823—2013《锯材缺陷》两个国家标准,介绍木材缺陷的基本检量与计算方法。

2.1　节子的检算

2.1.1　圆材节子的检算

(1)表面节(健全节、腐朽节)应检量节子的最小直径 a(图 2-1)。节子愈伤组织不包括在节子尺寸中。

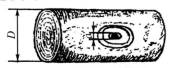

图 2-1　表面节的检量

圆材节子计算按式(2-1):

$$K = \frac{a}{D} \times 100\% \cdots\cdots\cdots\cdots\cdots\cdots\cdots (2-1)$$

式中： K——节径率,%;

a——节子直径,cm(量至毫米);

D——检尺径,cm。

(2)隐生节不作检量,但应注明它的存在。

(3)针叶树的活节应检量颜色较深、质地较硬部分的直径。

(4)阔叶树活节断面上的腐朽或空洞按死节计算。将腐朽或空洞部分调整成圆形,量其直径作为死节最小直径。

(5)漏节不论其直径大小,均应查定其在全材长范围内的个数;在检尺长范围内的漏节,还应计算其节子直径。

2.1.2 锯材节子的检算

(1)圆形节(含椭圆形节)检量与锯材轴向或材棱平行的两条节周切线之间的距离(图2-2);条状节和掌状节检量节子横向最大宽度,即垂直节子纵向的最大宽度(图2-3),其中掌状节的尺寸应分别检量。

图2-2　圆形节的检量

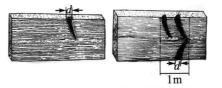

1m

图2-3　条状节和掌状节的检量

锯材节子计算按式(2-2)：

$$K=\frac{d}{B}\times100\% \cdots\cdots\cdots\cdots\cdots\cdots\cdots\cdots\cdots(2-2)$$

式中： K——节径率，%；

d——节子直径,mm;

B——材面检尺宽度,mm。

(2)节子尺寸需规定计算起点,不足起点者不计。节子个数可在规定范围内查定,或在节子最多的1m范围内统计,掌状节应分别计算个数。

(3)健全节属活节的按活节处理,属死节的按死节检量,腐朽节按死节计算。

(4)板材以节子在两个宽材面中较严重的一个材面为准,方材以四个板面中节子最严重的一个材面为准,木枕以枕面铺轨范围内量得的最大的一个节子尺寸为准。

2.2 裂纹的检算

2.2.1 圆材裂纹的检算

2.2.1.1 端裂(径裂和环裂)的检算

单径裂可用裂纹的宽度 a_1 或它与原木的直径的比表示(图2-4)。复径裂应检量最大裂纹的宽度 a_2、长度及数目(图2-5)。环裂应检量断面最大一处的环裂(指开裂至半环以上的)半径 r 或弧裂(指开裂不足半环的)拱高 a_3，再与检尺径相比，所检量的尺寸以厘米计算（图 2-6）。

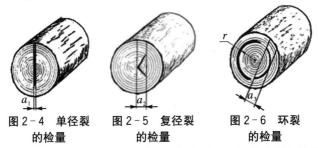

图 2-4　单径裂
　　的检量

图 2-5　复径裂
　　的检量

图 2-6　环裂
　　的检量

2.2.1.2　纵裂（冻裂、震击裂、干裂、浅裂、深裂、贯通裂和炸裂）的检算

应检量端面裂纹深度和沿材身方向的裂纹长度，用裂纹深度与检尺径的比值来表示，也可用裂纹长度（材身方向）与检尺长度的比值来表示。只允许使用所检量的一种参数（图 2-7）。

85

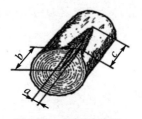

图 2-7 纵裂的检量

纵裂的计算按式(2-3)：

$$e = \frac{b}{d} \times 100\% \text{ 或 } e = \frac{c}{L} \cdots\cdots\cdots\cdots\cdots (2-3)$$

式中： e——裂纹的比率，%；

b——裂纹深度，cm(量至毫米)；

d——检尺径，cm；

c——裂纹的长度，cm(量至毫米)；

L——检尺长，cm。

2.2.2　锯材裂纹的检算

一般沿材长方向检量裂纹长度(包括未贯通部分在内的裂纹全长),用裂纹长度与检尺长相比,以百分率计,按式(2-4)计算:

$$LS = \frac{l}{L} \times 100\% \quad \cdots\cdots\cdots\cdots\cdots\cdots (2-4)$$

式中：　LS——纵裂度,%;

　　　　l——纵裂长度,cm;

　　　　L——检尺长,cm。

贯通裂纹无计算起点的规定,不论宽度大小均予以计算。非贯通裂纹的最大宽度处可以规定宽度的计算起点,不足起点的不计,自起点以上者应检量裂纹全长。

数根彼此接近的裂纹,相隔不足 3mm 的按整根裂纹检量;相隔 3mm 以上的分别检量,以其中最严重的一根裂纹为准。

斜向裂纹按斜纹与裂纹两者中降等最严重的一种缺陷计算。

特种用途的大方材还应检算断面的环裂。检量最大一处环裂(轮裂)的半径或直径,或弧裂的拱高或弧长,以厘米计或与相应尺寸相比,以百分率计。

2.3 干形缺陷的检算

2.3.1 弯曲的检算

2.3.1.1 单向弯曲的检算

检量最大弯曲处在全长度偏离直线的拱高,用拱高与内曲水平长的百分比或用拱高与检尺径的比值来表示(图2-8)。

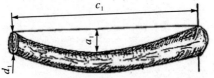

图2-8 单向弯曲的检量

单向弯曲计算按式(2-5):

$$Z_1 = \frac{a_1}{c_1} \times 100\% \ \text{或} \ Z_1 = \frac{a_1}{d_1} \cdots\cdots\cdots\cdots (2-5)$$

式中: Z_1——弯曲度,%;

a_1——拱高,cm;

c_1——内曲水平长,cm;

d_1——检尺径,cm。

2.3.1.2 多向弯曲的检算

检量检尺长度内最大弯曲处的拱高,用拱高与内曲水平长的百分比或拱高与检尺径的比值来表示(图2-9)。检测大苀材单向弯曲和多向弯曲时,将根部下端1m内的肥大部分让去。

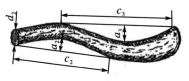

图2-9 多向弯曲的检量

多向弯曲计算按式(2-6):

$$Z_2 = \frac{a_3}{c_3} \times 100\% \text{ 或 } Z_2 = \frac{a_3}{d_2} \cdots\cdots\cdots\cdots\cdots(2-6)$$

式中： Z_2——弯曲度，%；

a_3——拱高，cm；

c_3——内曲水平长，cm；

d_2——检尺径，cm。

2.3.2 树包的检算

检量树包的长度和高度，用检量的高度、长度表示或用树包的长度和高度与原木的长度和检尺径的比值表示（图2-10）。

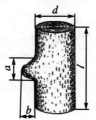

图2-10 树包的检量

树包计算按式(2-7):

$$Z_1 = \frac{a}{l} \text{ 或 } Z_2 = \frac{b}{d} \cdots\cdots\cdots\cdots\cdots\cdots(2-7)$$

式中: Z_1——树包占原木长度的比值;

Z_2——树包占直径的比值;

a——树包的长度,cm;

l——原木长度,cm;

b——树包的高度,cm;

d——检尺径,cm。

2.3.3 根部肥大(板根)的检算

2.3.3.1 大兜的检算

应检量计算粗端的平均直径 a_1 和距粗端 1m 处断面的平均直径 b_1。用 a_1 与 b_1 的差值 Z_1 或 a_1 与 b_1 比值的百分率 Z_2 表示(图 2-11)。

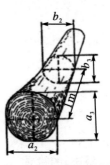

图 2-11　大莞的检量

大莞计算按式(2-8)：

$$Z_1 = a_1 - b_1 \quad 或 \quad Z_2 = \frac{a_1}{b_1} \times 100\% \cdots\cdots\cdots\cdots\cdots(2-8)$$

$$a_1 = \frac{a_2 + a_3}{2}$$

92

$$b_1 = \frac{b_2 + b_3}{2}$$

式中： Z_1——粗端的平均直径 a_1 与距粗端 1m 处断面的平均
直径 b_1 的差值,cm;

Z_2——粗端的平均直径 a_1 与距粗端 1m 处断面的平均
直径 b_1 的比值的百分率, %;

a_1——粗端的平均直径,cm;

b_1——距粗端 1m 处断面的平均直径,cm;

a_2——粗端水平直径,cm;

a_3——粗端铅垂直径,cm;

b_2——距粗端 1m 处断面水平直径,cm;

b_3——距粗端 1m 处断面铅垂直径,cm。

2.3.3.2 凹蔸的检算

应检量大头端面外切圆直径 a_2、内切圆直径 c 与距大头端面 1m
处的外切圆直径 b_2。用大头内切圆与外切圆的直径的差值 Z_4 或两外
切圆直径的差值 Z_3 表示(图 2-12)。

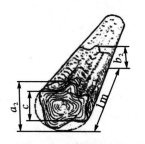

图 2 - 12 凹苋的检量

凹苋计算按式(2-9)、式(2-10)：

$$Z_3 = a_2 - b_2 \cdots\cdots\cdots\cdots\cdots\cdots\cdots\cdots\cdots (2-9)$$

$$Z_4 = a_2 - c \cdots\cdots\cdots\cdots\cdots\cdots\cdots\cdots\cdots (2-10)$$

式中：　Z_3——两外切圆直径的差值,cm；

　　　　Z_4——大头内切圆与外切圆直径的差值,cm；

　　　　a_2——大头端面外切圆直径,cm；

　　　　b_2——距大头端面1m处的外切圆直径,cm；

c——大头端面内切圆直径,cm。

2.3.4 椭圆体的检算

应检量原木相应端面的长径与短径。用长径与短径的差值或长径与短径的比值来表示。

2.3.5 尖削度的检算

应检量原木大头的直径和检尺径,以其差值占检尺长的百分比表示(图2-13)。

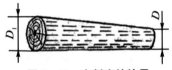

图2-13 尖削度的检量

尖削度计算按式(2-11):

$$T=\frac{D_1-D}{L}\times100\%\quad\cdots\cdots\cdots\cdots\cdots\cdots(2-11)$$

式中： T——尖削度,%；

D_1——原木大头直径,cm；

D——检尺径,cm；

L——检尺长,cm。

2.4　木材构造缺陷的检算

2.4.1　扭转纹(圆材)和斜纹(锯材)的检算

2.4.1.1　扭转纹(圆材)的检算

在原木小头或任意1m范围内或扣除原木大头1m以外的任意材长1m范围内检量扭转纹起点至终点的倾斜高度(在原木小头断面表现为弦长)或倾斜弧长,将其与检尺径或圆周长相比,以百分率表示(图2-14)。

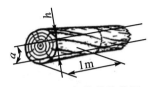

图 2-14 扭转纹的检量

扭转纹计算按式(2-12)、式(2-13):

$$SG_1 = \frac{h}{D} \times 100\% \cdots\cdots\cdots\cdots (2-12)$$

$$SG_2 = \frac{a}{\pi D} \times 100\% \cdots\cdots\cdots\cdots (2-13)$$

式中： SG_1、SG_2——扭转程度,%;

h——扭转纹的倾斜高度,cm;

D——检尺径,cm;

a——扭转纹的倾斜弧长,cm;

πD——圆周长,cm。

2.4.1.2 斜纹(锯材)的检算

在锯材的任意材长范围内,检量斜纹的倾斜高度,将其与该水平长度相比,以百分率表示(图2-15)。

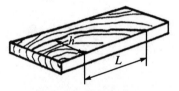

图2-15 斜纹的检量

斜纹计算按式(2-14):

$$SG = \frac{h}{L} \times 100\% \cdots\cdots\cdots\cdots\cdots\cdots(2-14)$$

式中: SG——斜纹的斜率,%;

h——斜纹的倾斜高度,cm;

L——斜纹的水平长度,cm。

2.4.2　应力木的检算

一般不加限制。特种用材或高级用材可检量缺陷部位的宽度、长度或面积,与所在断面的相应尺寸或面积相比,以百分率表示;或检量断面几何中心与髓心间的直线距离,与断面长径或平均径或检尺径相比,以百分率表示(图2-16)。

图2-16　应力木的检量

应力木计算按式(2-15):

$$RW = \frac{L}{D} \times 100\% \quad\cdots\cdots\cdots\cdots\cdots\cdots\cdots(2-15)$$

式中：　RW——应力木的偏心程度或偏心率,%;

L——原木断面几何中心与髓心间的直线距离,cm;

D——检尺径,cm。

2.4.3　偏枯的检算

检量其径向深度,与检尺径相比,以百分率表示;或检量偏枯的宽度和长度,与相应尺寸相比,以百分率表示(图 2-17)。

径向深度　　　　　　　　　　　　径向深度

图 2-17　偏枯的检量

偏枯计算按式(2-16):

$$SC = \frac{d}{D} \times 100\% \cdots\cdots\cdots\cdots\cdots (2-16)$$

式中:　SC——偏枯比率,%;

d——偏枯径向深度,cm;

D——检尺径,cm。

2.4.4　夹皮的检算

2.4.4.1　内夹皮的检算

应检量内夹皮的最大厚度 a_1,用最大厚度或最大厚度与检尺径 d 的比值表示(图 2-18)。

图 2-18　内夹皮的检量

内夹皮计算按式(2-17):

$$Z_1=a_1 \text{ 或 } Z_1=\frac{a_1}{d} \cdots\cdots\cdots\cdots\cdots\cdots\cdots(2-17)$$

式中:　Z_1——内夹皮比率,%;

a_1——内夹皮最大厚度,cm;

d——检尺径,cm。

2.4.4.2 外夹皮的检算

应检量外夹皮的长度、宽度和深度,用宽度、深度与检尺径的比值或长度与检尺长的比值表示(图2-19)。

图2-19 外夹皮的检量

外夹皮计算按式(2-18)、式(2-19)、式(2-20):

$$Z_2=\frac{a_2}{d}\dots\dots\dots\dots\dots\dots(2-18)$$

$$Z_3 = \frac{h_2}{d} \quad\cdots\cdots\cdots\cdots\cdots\cdots\cdots\cdots\cdots (2-19)$$

$$Z_4 = \frac{l_2}{l} \quad\cdots\cdots\cdots\cdots\cdots\cdots\cdots\cdots\cdots (2-20)$$

式中： Z_2——外夹皮宽度与检尺径的比率,%；

Z_3——外夹皮深度与检尺径的比率,%；

Z_4——外夹皮长度与检尺长的比率,%；

a_2——外夹皮的宽度,cm；

d——检尺径,cm；

h_2——外夹皮的深度,cm；

l_2——外夹皮的长度,cm；

l——检尺长,cm。

2.4.5 树瘤的检算

若树瘤外表完好,则一般不加限制,但如有空洞或腐朽或引起树干内部腐朽时,则按死节或漏节计算。

2.4.6 伪心材的检算

应检量伪心材部分的外接圆直径 a，用该直径或该直径与所在端面直径 d 的百分比表示（图 2-20）。

图 2-20 伪心材的检量

2.4.7 内含边材的检算

检量内含边材年轮（生长轮）环带部分的宽度 a，用该宽度或该宽度与检尺径的百分比表示（图 2-21）。

图 2 - 21　内含边材的检量

2.5　真菌所致缺陷的检算

2.5.1　心材变色和条斑、心材腐朽和空洞的检算

应检量缺陷所影响的面积,用该面积与端面面积的百分比表示。也可检测将缺陷包围在内的外切圆的直径,用该外切圆的直径与端面直径的百分比表示,在同一断面内有多块各种形状(弧状、环状、空心等)的分散腐朽,均合并相加,调整成圆形,检量其腐朽直径,与检尺径相比(图 2 - 22)。

心材整体变色或心腐　　　　　　块状变色或心腐

偏心单块状变色或心腐　　　　　环状变色或心腐

图2-22　心材变色和条斑、心材腐朽和空洞的检量

心材变色和条斑、心材腐朽和空洞计算按式(2-21)、式(2-22)：

$$HR_1 = \frac{a}{A} \times 100\% \cdots\cdots\cdots\cdots\cdots (2-21)$$

$$HR_2 = \frac{d}{D} \times 100\% \cdots\cdots\cdots\cdots\cdots (2-22)$$

式中： HR_1、HR_2——心材变色和条斑、心材腐朽和空洞等缺陷率，%；

a——心材变色和条斑、心材腐朽和空洞面积，cm^2；

A——检尺径断面面积，cm^2；

d——心材变色和条斑、心材腐朽和空洞直径，cm；

D——检尺径，cm。

2.5.2 边材变色、窒息木及边材腐朽的检算

应检量缺陷的面积或距材身的距离 a_1 和 a_2，用距离或缺陷面积占所在断面面积的百分比表示，见图 2-23(a)。对剥皮原木还应检测缺陷所影响的长度 c，见图 2-23(b)。

（a）在未剥皮原木上　　　　（b）在剥皮原木上

图2-23　边材变色、窒息木及边材腐朽的检量

（a）在未剥皮原木上，边材变色、窒息木及边材腐朽计算按式（2-23）：

$$SC = \frac{a_1}{D} \times 100\% \cdots\cdots\cdots\cdots\cdots\cdots (2-23)$$

式中：　SC——边材变色、窒息木及边材腐朽比率，%；

　　　　a_1——边材变色、窒息木及边材腐朽厚度，cm（量至毫米）；

D——检尺径,cm。

(b)在剥皮原木上,计算方法同(a),a_1更换为a_2。

2.5.3 锯材腐朽的检算

应检量腐朽的长度和宽度,以绝对值(毫米或厘米)或相对值(腐朽尺寸与相应尺寸的百分比)表示,或用腐朽面积占所在材面面积百分率表示。

锯材腐朽计算按式(2-24):

$$R=\frac{a}{A}\times100\%\quad\cdots\cdots\cdots\cdots\cdots\cdots\cdots(2-24)$$

式中: R——腐朽率,%;

a——腐朽面积,cm^2;

A——腐朽所在材面面积,cm^2。

板材按腐朽较严重的宽材面为检算面。方材按四个材面中腐朽最严重的一面为检算面。截面尺寸大于225cm^{2}的锯材,按六个材面中腐朽最严重的一面为检算面。同一检算面上多处腐朽的应累加计算。

2.6 伤害的检算

2.6.1 由昆虫导致伤害(虫眼)的检算

2.6.1.1 圆材虫眼的检算

(1)表面虫眼不必检算,但它的存在应予以注明。

(2)浅层虫眼和深层虫眼的检算。

应检量虫眼的大小和深度,记录检尺范围内虫眼最多部位在1m范围内的虫眼个数和全材长的虫眼个数。有大块虫眼时按影响的长度计算。

2.6.1.2 锯材虫眼的检算

锯材虫眼只检算最小直径,不限定深度,其最小直径足3mm的,均计算个数。在检尺长范围内,按虫眼最多的1m范围中的虫眼个数或全材长中的虫眼个数计算。

计算虫眼时,板材以宽材面为准,窄材面不计;方材以虫眼最多的材面为准;木枕以枕面铺轨范围为准。

2.6.2 由寄生植物或鸟类造成的伤害的检算

由寄生植物或鸟类造成的伤害不必检算,但它的存在及所影响的面积应予以注明。

2.6.3 异物侵入伤害的检算

异物侵入伤害不必检算,但它的存在应予以注明。

2.6.4 烧伤的检算

应检量烧伤所影响区域的长度、宽度和深度,用烧伤的宽度、深度和长度或面积表示,也可采取烧伤的深度或宽度与检尺径的百分比、长度与检尺长、端面烧伤面积与端面面积的百分比表示(图 2-24)。

图 2-24 烧伤的检量

2.6.5 机械损伤的检算

2.6.5.1 树皮刮伤的检算

应检量刮伤所影响区域的宽度和长度,用其长度或宽度与检尺径的百分比或长度与检尺长的百分比表示。

2.6.5.2 树脂漏的检算

应检量树脂漏的长度、宽度和深度,可用其宽度、深度和长度或用其长度与检尺长的百分比、宽度或深度与直径的百分比表示。

2.6.5.3 刀伤和锯伤的检算

应检量刀伤和锯伤的深度,可用深度或深度与直径的百分比表示。

刀伤和锯伤计算按式(2-25):

$$Md = \frac{d}{D} \times 100\% \quad \cdots\cdots\cdots\cdots\cdots\cdots\cdots (2-25)$$

式中: Md——损伤深度百分率,%;

d——径向损伤深度,cm;

D——检尺径,cm。

2.6.5.4　撕裂、剪断和抽心的检算

应检量缺陷的长度、宽度和深度,可用长度、宽度、深度或长度与检尺长的百分比、宽度或深度与检尺径的百分比表示。

2.6.5.5　锯口偏斜的检算

应检量大小两端断面之间相距最短处和最长处取直检量,其差值用厘米表示。

2.6.5.6　风折木的检算

按是否允许存在来查定个数,按允许个数计算。

2.7　加工缺陷的检算

2.7.1　缺棱的检算

只检量钝棱,锐棱不许有。钝棱应检测宽材面上最严重的缺角尺寸,与检尺宽相比,以百分率表示(图2-25)。

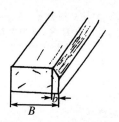

图 2 - 25　钝棱的检量

钝棱计算按式(2 - 26)计算：

$$W = \frac{b}{B} \times 100\% \cdots\cdots\cdots\cdots\cdots\cdots\cdots(2 - 26)$$

式中：　W——钝棱缺角率，%；

　　　　b——钝棱缺角尺寸，mm；

　　　　B——检尺宽，mm。

在同一个材面的横断面上有两个缺角时，其缺角尺寸应相加计算。

114

2.7.2 锯口缺陷的检算

在锯材尺寸公差范围内允许存在,否则应改锯或让尺。

2.8 变形的检算

2.8.1 翘曲的检算

翘曲包括顺弯、横弯、翘弯,均应检量最大弯曲拱高,以厘米计(量至毫米),或将最大弯曲拱高与内曲面水平长(宽)度相比,以百分率表示(图2-26、图2-27、图2-28)。

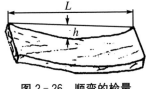

图2-26 顺弯的检量

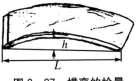

图2-27 横弯的检量

图 2-28 翘弯的检量

翘曲计算按式(2-27)：

$$WP = \frac{h}{L} \times 100\% \quad\cdots\cdots\cdots\cdots\cdots (2-27)$$

式中： WP——翘曲度(顺弯率、横弯率、翘弯率)，%；

h——最大弯曲拱高，cm(量至毫米)；

L——内曲面水平长(宽)度，cm。

2.8.2 扭曲的检算

检量材面偏离平面的最大高度，以厘米计(量至毫米)，或将最大高度与检尺长(标准长)相比，以百分率表示(图 2-29)。

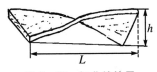

图 2-29　扭曲的检量

扭曲计算按式(2-28)：

$$TW = \frac{h}{L} \times 100\% \quad\cdots\cdots\cdots\cdots\cdots\cdots(2-28)$$

式中：　TW——扭曲度(或扭曲率)，%；

　　　　h——最大偏离高度，cm(量至毫米)；

　　　　L——检尺长，cm。

2.8.3　菱形变形的检算

检量边角的偏移量 δ(精确至毫米)，在尺寸公差范围内允许存在，否则应改锯或让尺(图 2-30)。

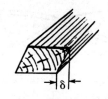

图 2-30　菱形变形的检量

第3章 木材检验基础知识

3.1 木材检验术语

木材检验是木材生产、经营和使用过程中对木材产品(包括原条、原木、锯材)进行树种识别、材种区分、尺寸检量、材质评定、号印标志、材积计算和检尺码单填写等工作范围的统称,是一项技术与技能相结合的工作措施,其依据的相关木材标准是技术性法规。

本节主要根据 GB/T 15787—2017《原木检验术语》的规定,着重介绍原木检验中常用的术语。

原木检验 对原木产品进行树种识别、尺寸检量、材质(等级)评定、材种区分、材积计算和标志工作的总称。

圆材 圆形的木材。包括原条和原木。

原条 经过打枝后未进行横截造材的伐倒木。

原木 经过横截造材所形成的圆形木段。

规格原木　尺寸符合原木产品标准规定的原木。

商品材名称　以树种识别特征相似、材性及材质相近为原则，适当归类后统一命名的木材商用名称。

商品材树种　按商品材名称归类的树种。

材种　按不同用途的使用质量要求所划分的原木产品种类。

尺寸检量　对原木检尺长和检尺径的检量和确定。

材长　原木两端断面之间相距最短处检量的尺寸。

全材长　原木两端头之间检量的最大尺寸。

检尺长　按标准规定，经过进舍后的长度。

长级公差　材长相对于检尺长所允许的尺寸变动量。

断面中心　原木断面的形心。

原木直径　通过原木断面中心检量的尺寸。

短径　通过原木断面中心的最短直径。

长径　通过短径中心与之相垂直的直径。

检尺径　按标准规定，经过进舍后的直径。

原木正常部位（最细处）　两头粗中间细原木的直径最小处。

检尺长范围内 以检尺终止线为界的原木材身范围。

检尺长范围外 自检尺长终止线到端头的不足进级的长度范围。

全材长范围内 原木的整体，包括检尺长范围内和检尺长范围外。

材积 按标准规定检尺径和检尺长计算的体积。

双丫材 小头呈两个分岔，且分别具有独立断面的原木。

双心材或多心材 小头断面有两个或多个髓心、两组或多组生长轮系，外围全部或一侧环包有共同生长轮的原木。

大头连岔材 在树干两个或多个分岔下部横截形成大头断面有两个或多个髓心，并呈两组或多组生长轮系的原木。

劈裂材 受到外力的作用，原木断面被撕裂成两块或两块以上的分裂断面或局部裂块脱落的原木。

剖开材 原木沿材长直径方向锯剖为两等分或接近两等分的木材。

原木缺陷 呈现在原木上降低质量、影响使用的各种缺点，包括节子、裂纹、干形缺陷、木材结构缺陷、真菌造成的缺陷和伤害。

原木材质评定 对原木进行缺陷检量、等级评定、检验鉴定的过程。

3.2 标准与标准化概念

3.2.1 标准

标准是人们对重复性事物,如产品、生产技术、技术语言、试验方法、工作程序和要求等,通过对实践经验的科学总结,结合最新科研成果,通过有关各方协调一致,经相应的标准化机构或组织批准、发布的准则和依据。标准用来指导、规范、监督、评价人们的各项生产工作、管理活动,以建立广泛相互协调的社会生产和工作秩序,提高整体的经济效益和社会效益。

3.2.2 标准化

为了在一定范围内获得最佳秩序,对现实问题或潜在问题制定共同使用和重复使用的条款的活动。

3.3 标准的分类

标准包括国家标准、行业标准、地方标准和团体标准、企业标准。国家标准分为强制性标准、推荐性标准,行业标准、地方标准是推荐性标准。强制性标准必须执行。国家鼓励采用推荐性标准。强制性标准文本应当免费向社会公开。国家推动免费向社会公开推荐性标准文本。国家鼓励团体标准、企业标准通过标准信息公共服务平台向社会公开。

3.3.1 强制性标准

强制性标准是指在一定范围内,国家运用行政的和法律的手段强制实施的标准。对于强制性标准,有关各方没有选择的余地,必须毫无保留地绝对贯彻执行。在我国,按照《中华人民共和国标准化法》的规定,对保障人身健康和生命财产安全、国家安全、生态环境安全以及满足经济社会管理基本需要的技术要求,应当制定强制性国家标准。不符合强制性标准的产品、服务,不得生产、销售、进口或者提供。

生产、销售、进口产品或者提供服务不符合强制性标准的,依照《中华人民共和国产品质量法》《中华人民共和国进出口商品检验法》《中华人民共和国消费者权益保护法》等法律、行政法规的规定查处,记入信用记录,并依照有关法律、行政法规的规定予以公示;构成犯罪的,依法追究刑事责任。

3.3.2　推荐性标准

对满足基础通用、与强制性国家标准配套、对各有关行业起引领作用等需要的技术要求，可以制定推荐性国家标准。推荐性国家标准、行业标准、地方标准、团体标准、企业标准的技术要求不得低于强制性国家标准的相关技术要求。国家鼓励社会团体、企业制定高于推荐性标准相关技术要求的团体标准、企业标准。

出口产品、服务的技术要求，按照合同的约定执行。国家实行团体标准、企业标准自我声明公开和监督制度。企业应当公开其执行的强制性标准、推荐性标准、团体标准或者企业标准的编号和名称；企业执行自行制定的企业标准的，还应当公开产品、服务的功能指标和产品的性能指标。企业应当按照标准组织生产经营活动，其生产的产品、提供的服务应当符合企业公开标准的技术要求。

生产、销售、进口产品或者提供服务不符合强制性标准，或者企业生产的产品、提供的服务不符合其公开标准的技术要求的，依法承担民事责任。

3.4 标准的分级

3.4.1 国家标准

国家标准是指对关系到全国经济、技术发展的标准化对象所制定的标准，它在全国各行业、各地方都适用。对需要在全国范围内统一的技术要求，应当制定国家标准。强制性国家标准由国务院批准发布或者授权批准发布。推荐性国家标准由国务院标准化行政主管部门制定。

3.4.2 行业标准

对于需要在某个行业范围内全国统一的标准化对象所制定的标准称为行业标准。对没有推荐性国家标准、需要在全国某个行业范围内统一的技术要求，可以制定行业标准。行业标准由国务院有关行政主管部门制定，报国务院标准化行政主管部门备案。

3.4.3 地方标准

地方标准是在国家的某个省、自治区、直辖市范围内需要统一的标准。为满足地方自然条件、风俗习惯等特殊技术要求，可以制定地方标准。地方标准由省、自治区、直辖市人民政府标准化行政主管部门报国务院标准化行政主管部门备案,由国务院标准化行政主管部门通报国务院有关行政主管部门。

3.4.4 团体标准

国家鼓励学会、协会、商会、联合会、产业技术联盟等社会团体协调相关市场主体共同制定满足市场和创新需要的团体标准,由本团体成员约定采用或者按照本团体的规定供社会自愿采用。制定团体标准,应当遵循开放、透明、公平的原则,保证各参与主体获取相关信息,反映各参与主体的共同需求,并应当组织对标准相关事项进行调查分析、实验、论证。国务院标准化行政主管部门会同国务院有关行政主管部门对团体标准的制定进行规范、引导和监督。

3.4.5 企业标准

企业标准是指由企业制定的产品标准和为企业内部需要协调统一的技术要求和管理、工作要求所制定的标准。企业可以根据需要自行制定企业标准,或者与其他企业联合制定企业标准。

第4章　木材检量技术

4.1　原木检量工具、标志、号印

本节是根据 GB/T 144—2013《原木检验》和 LY/T 1511—2002《原木产品　标志　号印》的规定,介绍原木检验使用的工具、标志、号印方法,原木检验的技术、方法要求,是原木检验工作的重点。

4.1.1　检量工具

4.1.1.1　检量使用的尺杆、卡尺、卷尺和篾尺,一律按米制标准刻度,以"cm"和"mm"表示。

(1)尺杆、卡尺和卷尺其刻度样式如图4-1所示。

图4-1　尺杆刻度样式

(2)用篾尺围量直径的,应在刻度上进行换算,直径以厘米和毫米表示。

直径＝圆周长/3.141 6,或直径＝0.318 3×圆周长。(0.318 3为圆周率 3.141 6 的倒数)

4.1.1.2 尺杆、卡尺和篾尺,由各省、自治区、直辖市林业主管部门统一制作。

4.1.2 原木标志

(1)号印以钢印为主,根据各地不同情况,也可用色笔、毛刷和勾字等方法,标记在原木断面或靠近端头的材身上。

(2)径级号印应标记在原木断面上。

(3)锯切用原木等级号印应标记在原木断面上,见表 4-1。

表 4-1 等级号印代表符号

特等	一等	二等	三等
◯	△	⊖	◈

128

(4)材种号印应标志在原木断面或靠近端头的材身上。特级原木应有所标志。材种号印代表符号，以汉语拼音的第一个字母表示（表4-2），如锯切用原木用"J"，如两个及两个以上材种的第一个汉语拼音字母相同，则在第一个字母后面加阿拉伯数字1、2、3……表示，如旋切单板用原木和小径原木分别用"X1"和"X2"表示。

表4-2　材种号印代表符号

材种名称	特级原木	坑木	锯切用原木	旋切单板用原木	刨切单板用原木	枕资	檩材
代表符号	T	K	J	X1	B	Z1	L
材种名称	车立柱	木杆	椽材	短原木	次加工原木	造纸材	小径原木
代表符号	C3	M1	C1	D2	C2	Z2	X2

注：对于小径级或材种单一的原木，可不必每根都进行标志，但必须单独归楞，并有楞标标志。

(5)长级号印应标志在原木断面或靠近端头的材身上，以阿拉伯数字标志，也可用勾字方法标志。

(6)为了便于交接和分清检验责任,在原木断面上还应加盖检验责任号印即小组号印,代表检验小组和检验员。代表符号以阿拉伯数字表示,从"01"开始按顺序编号,或用色笔标志,由各省、自治区、直辖市林业主管部门统一制作。

4.2　原条检量技术

4.2.1　原条检量方法

杉原条、马尾松原条、阔叶树原条的检量按 GB/T 5039—1999《杉原条》标准执行。

4.2.1.1　尺寸及尺寸进级

检尺长:自 5m 以上,按 1m 进级,不足 1m 的尾数舍去。如 5.7m、7.8m、9.9m,其检尺长分别为 5m、7m、9m。

检尺径:自 8cm 以上,按 2cm 进级,不足 2cm 时足 1cm 增进,不足 1cm 的尾数舍去。如直径 8.8cm、9.2cm、10.9cm、11.5cm、13.8cm、15.7cm 等,其检尺径分别为 8cm、10cm、10cm、12cm、14cm、16cm 等。

梢端直径:6～12cm(6cm 为实足尺寸)。

4.2.1.2 尺寸检量

(1)长度检量。

①原条长度检量是从大头斧口(或锯口)量至梢端短径足 6cm 处止,以 1m 进级,不足 1m 的由梢端舍去,经进舍后的长度为检尺长。

②大头打水眼,材长应从大头水眼内侧量起。梢头打水眼,材长应量至梢头水眼内侧处为止。

(2)直径检量。

①直径应在离大头斧口或锯口 2.5m 处检量。按 2cm 进位,不足 2cm 时,凡足 1cm 者进位,不足 1cm 的舍去,经进舍后的直径为检尺径。

②检量直径遇有节子、树瘤等不正常现象时,应向梢端方向移至正常部位检量。如直径检量部位遇有夹皮、偏枯、外伤和节子脱落而形成的凹陷部分,应将直径恢复其原形检量。

③如用卡尺检量直径时,其长径、短径均量至厘米,以其长径、短径的平均数经进舍后作为检尺径。

4.2.2 小原条检量方法

小原条按 LY/T 1079—2015《小原条》的标准执行。

4.2.2.1 树种

各种针叶、阔叶树种。

4.2.2.2 尺寸

(1)检尺长:自 3m 以上。

(2)检尺径:自 4cm 以上。

(3)梢径:自 3cm 以上。

4.2.2.3 尺寸检量

(1)检尺长检量。检尺长的量取是从大头斧口(或锯口)处量至梢径足 3cm 处止,按 0.5m 进级,不足 0.5m 的由梢端舍去。经舍去后的长度为检尺长。

(2)检尺径检量。检尺径检量是在距离大头斧口(或锯口)2.5m 处检量。以 1cm 为一个增进单位,实际尺寸不足 1cm 时,足 0.5cm 增进,不足 0.5cm 的舍去,经进舍后的直径即为检尺径。

如检尺径在 8cm 以上,检尺长从大头量至梢部 5m 处的梢径足 6cm 者,应分别按杉原条、马尾松原条、阔叶树原条检验。

4.3 原木检量技术

原木产品包括特级原木、锯切用原木、旋切单板用原木、刨切单板用原木、小径原木、加工用原木、枕资、造纸用原木、木纤维用原木、短原木、次加工原木、直接用原木、坑木、檩材、椽材、木杆、车立柱等,其基本检验方法均按 GB/T 144—2013《原木检验》标准执行。

4.3.1 原木检尺长的检量

(1)检量原木的材长是在大小头两端断面之间相距最短处取直检量,量至厘米,不足厘米者舍去。如检量的材长小于原木标准规定的检尺长,但不超过下偏差,则仍按原木产品标准规定的检尺长计算;如超过下偏差,则按下一级检尺长计算。

(2)伐木下楂口断面的短径,经进舍后大于等于检尺径的,材长自大头端部量起;小于检尺径的,材长应让去小于检尺径部分的长度。

4.3.2 原木检尺径的检量

(1)检量原木直径以厘米为单位,量至毫米,不足毫米者舍去,小于等于 14cm 的,四舍五入至厘米。检尺径的确定,是通过小头断面中心先量短径,再通过短径中心垂直检量长径。其长短径之差在 2cm 以上的,以其长短径的平均数经进舍后为检尺径,长短径之差小于 2cm 者,以短径经进舍后为检尺径。

(2)原木的检尺径小于等于 14cm 的,以 1cm 进级,尺寸不足 1cm 时,足 0.5cm 的进级,不足 0.5cm 的舍去;检尺径大于 14cm 的,以 2cm 进级,尺寸不足 2cm 时,足 1cm 的进级,不足 1cm 的舍去。

(3)原木小头断面偏斜,检量直径时,应将钢板尺杆保持与材长成垂直方向检量,不能检量偏斜的锯口长度。

(4)实际材长超过检尺长的原木,其直径仍在小头断面检量。

(5)小头断面有偏枯、外夹皮的,检量检尺径如需通过偏枯、外夹皮处时,可用钢板尺横贴原木表面检量。

(6)小头断面节子脱落的,检量直径时,应恢复原状检量。

(7)双心材、三心材以及中间细两头粗的原木,其检尺径应在原木正常部位(最细处)检量。

(8)双丫材的尺寸检量,以较大断面的一个干叉检量直径和材长,另一个干叉按节子处理。

(9)两根原木干身连在一起的,应分别检量计算。

(10)劈裂材(含撞裂)的检量。

① 未脱落的劈裂材,顺材长方向检量劈裂长度,按纵裂计算。检量直径如需通过裂缝,其裂缝与检量方向形成的最小夹角大于等于45°者,应减去通过的裂缝长 1/2 处的裂缝垂直宽度;最小夹角小于45°者,应减去通过的裂缝长 1/2 处垂直宽度的一半。

② 小头已脱落的劈裂材,劈裂厚度不超过小头同方向原有直径10%的劈裂不计,超过 10%的应让检尺径。让检尺径:先量短径,再通过短径垂直检量最长径,以长短径的平均数经进舍后为检尺径。有 2块以上劈裂的应分别计算。

③ 大头已脱落的劈裂材,如该断面的短径经进舍后,大于等于检尺径的不计;小于检尺径的,以大头短径经进舍后为检尺径。

④大小头同时存在劈裂的,应分别按上述各项规定处理。

(11)原木端头或材身磨损的检量。

①原木小头磨损的,磨损厚度不超过小头同方向原有直径 10%的不计,超过 10%的应让检尺径。

②大头磨损的,按大头已脱落的劈裂材规定处理。

③材身磨损的,按外伤处理。

4.4　锯材检量技术

锯材是指由原木经过纵向锯割加工而制成具有一定的断面尺寸或剖面尺寸(四个材面)的板方材。

锯材产品包括:针叶树锯材、阔叶树锯材、木枕、毛边锯材。基本检量方法按 GB/T 4822《锯材检验》标准执行。

4.4.1　锯材尺寸及偏差

4.4.1.1　尺寸

(1)长度:针叶树锯材为 1~8m,阔叶树锯材为 1~6m。

(2)长度进级:自 2m 以上按 0.2m 进级,不足 2m 的按 0.1m 进级。

(3)板材、方材规格:尺寸见表 4-3。

表 4-3　板材的宽度、厚度

单位:mm

分类		宽度	
		尺寸范围	进级
薄板	12,15,18,21		
中板	25,30,35	30~300	10
厚板	40,45,50,60		
方材	25×20,25×25,30×30,40×30,60×40,60×50,100×55,100×60		

注:表中未列的规格尺寸由供需双方协议商定。

4.4.1.2　尺寸偏差

尺寸允许偏差见表 4-4。

表 4-4　尺寸允许偏差

种类	尺寸范围	偏差
长度	不足 2.0m	+3cm −1cm
	自 2.0m 以上	+6cm −2cm
宽度、厚度	不足 30mm	±1mm
	自 30mm 以上	±2mm

4.4.2　锯材尺寸检量

4.4.2.1　基本规定

（1）锯材各项标准中所列的宽度（材宽）、厚度（材厚）、长度（材长）均指标准尺寸。

（2）锯材的宽度、厚度、长度尺寸，以锯割当时检量的尺寸为准。长度以米为单位，宽度与厚度以毫米为单位。

4.4.2.2　锯材长度检量

锯材的长度是沿材长方向检量两端面之间的最短距离，量至厘米，不足1cm的舍去。若锯材实际长度小于标准长度，但又不超过负偏差，仍按标准长度计算；如超过负偏差，则按下一级长度计算。

4.4.2.3　锯材宽度检量

针叶树、阔叶树锯材的宽度是在材长范围内除去两端各15cm的任意无钝棱部位检量，量至毫米，不足1mm的舍去。

4.4.2.4　毛边锯材宽度检量

毛边锯材宽度检量是在锯材长度的1/2处，量取上下两材面宽度的平均值，足5mm的进位，不足5mm的舍去。

如锯材实际宽度小于标准宽度，但不超过负偏差时，仍按标准宽度计算；如超过负偏差限度，则按下一级宽度计算。

4.4.2.5 锯材厚度的检量

锯材厚度是在材长范围内除去两端各15cm的任意无钝棱部位检量，量至毫米，不足1mm的舍去。毛边锯材厚度在标准长度两端各除去15cm的任意部分检量。

4.5 木枕检量技术

4.5.1 树种要求

普通木枕和道岔木枕：榆木、桦木、栎木、槠木、枫香、杨木、落叶松、马尾松、云南松、云杉、冷杉、铁杉及其他适用的阔叶树种（杨木不作岔枕）。

桥梁木枕：落叶松、华山松、思茅松、高山松、云南松、云杉、冷杉、铁杉、红松等树种。

4.5.2 尺寸要求

普通木枕、道岔木枕的尺寸见表4-5，桥梁木枕的尺寸见表4-6。

139

表4-5 普通木枕、道岔木枕的尺寸

类别	类型	长度(m)	厚度(cm)	宽度(cm)
普通木枕	I	2.50	16	22
	II	2.50	14.5	20
道岔木枕		2.60~4.80	16	24

注:道岔木枕长度按0.2m进级,必须配套供应。

表4-6 桥梁木枕的尺寸

类别	长度(m)							
	3.0		3.2		3.4		4.2	4.8
	宽度、高度(cm)							
	宽度	高度	宽度	高度	宽度	高度	宽度	高度
桥梁木枕	20	22	22	28	24	30	20	22
	20	24	24	30			20	24
	22	26					22	26
							22	28
							24	30

4.5.3 公差、断面形状及尺寸(见表4-7)

表4-7 公差、断面形状及尺寸

类别	公差		断面形状及尺寸(cm)
	种类	限度(cm)	
普通木枕	长度	±6	
	枕面宽	−0.5	
	宽度	±1	
	厚度	±0.5	
道岔木枕	长度	±6	
	枕面宽	−0.5	
	宽度	±1	
	厚宽	±0.5	

类别	公差		断面形状及尺寸(cm)
	种类	限度(cm)	
桥梁木枕	长度	±6	
	宽度	±1	
	高度	±0.5	

注:①道岔木枕的枕底着锯面不得小于22cm。
　　②桥梁木枕的钝棱最大尺寸不得大于表4-7断面形状规定的尺寸。

4.5.4　各种木枕的枕面铺轨范围

见表4-8及图4-2、图4-3。

表 4-8　各类木枕的枕面铺轨范围

木枕类别	枕面铺轨范围
普通木枕	每端自端头 30～70cm 部位的长度
道岔木枕	每端自端头除去 35cm，其中间部位的长度
桥梁木枕	每端自端头除去 55cm，其中间部位的长度

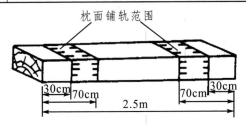

枕面铺轨范围

图 4-2　普通木枕铺轨范围图解

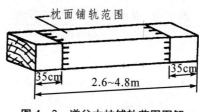

枕面铺轨范围

35cm 2.6~4.8m 35cm

图 4 – 3　道岔木枕铺轨范围图解

第 5 章　国际及国内保护树种名录

5.1　CITES 保护的树种名录

5.1.1　基本情况

濒危野生动植物种国际贸易公约(CITES)于 1973 年 3 月 3 日签署,1975 年 7 月 1 日正式生效,目前有 179 个缔约国,中国于 1981 年 1 月 8 日加入公约,成为 CITES 的第 63 个缔约国。CITES 通过制定监管物种的附录、实行进出口许可证管理制度、促进国家履约立法和执法、对违约方实施制裁等措施,来规范国际野生动植物贸易活动,以达到保护野生动植物资源和实现可持续发展的目的。

CITES 有 3 个附录,即附录Ⅰ、附录Ⅱ和附录Ⅲ。缔约方每三年召开一次大会,讨论并修改 CITES 附录有关条款。本版次的 CITES 附录,于 2019 年 8 月 26 日由缔约方大会通过,自 2019 年 11 月 26 日起生效。

5.1.2　基本原则

(1)附录Ⅰ,应包括所有受到和可能受到贸易的影响而有灭绝危险的物种。对这些物种的标本的贸易必须加以特别严格的管理,以防止进一步危害其生存,并且只有在特殊的情况下才能允许进行贸易。

(2)附录Ⅱ,应包括以下两项:

①所有那些目前虽未濒临灭绝,但如对其贸易不严加管理,以防止不利其生存的利用,就可能变成有灭绝危险的物种。

②为了使本款第1项中指明的某些物种标本的贸易能得到有效的控制,而必须加以管理的其他物种。

(3)附录Ⅲ,应包括任一成员国认为属其管辖范围内,应进行管理以防止或限制开发利用而需要其他成员国合作控制贸易的物种。

(4)除遵守本公约各项规定外,各成员国均不应允许就附录Ⅰ、附录Ⅱ、附录Ⅲ所列物种的标本进行贸易。

5.1.3　CITES 附录物种

5.1.3.1　列入 CITES 附录的物种数

根据 2019 年 11 月 26 日起生效的濒危野生动植物种国际贸易公

约(CITES)，全世界共有 20 科 31 属 250 种（类）木材类物种被列入公约附录。其中，附录Ⅰ共 11 种（类），隶属于 8 科 8 属；附录Ⅱ共 230 种（类），隶属 13 科 21 属；附录Ⅲ共 9 种（类），隶属 6 科 7 属。

5.1.3.2　列入 CITES 附录Ⅰ中的部分树种

智利肖柏 Fitzroya cupressoides，皮尔格柏 Pilgerodendron uviferum，巴西黑黄檀 Dalbergia nigra，弯叶罗汉松 Podocarpus parlatorei，巴尔米木 Balmea stormiae。

5.1.3.3　列入 CITES 附录Ⅱ中的部分树种

多柱树 Caryocar costaricense，姆兰杰南非柏 Widdringtonia whytei，桫椤属（所有种）Cyathea spp.，苏铁科（所有种）Cycadaceae spp.（除被列入附录Ⅰ的物种），枫桃 Oreomunnea pterocarpa，玫瑰安妮樟 Aniba rosaeodora，黄檀属（所有种）Dalbergia spp.（除被列入附录Ⅰ的物种），德米古夷苏木 Guibourtia demeusei，佩莱古夷苏木 G. pellegriniana，特氏古夷苏木 G. tessmannii，巴西苏木 Paubrasilia echinata，大美木豆 Pericopsis elata，多穗阔变豆 Platymiscium parviflorum，刺猬紫檀 Pterocarpus erinaceus，檀香紫檀 P. santalinus，染料

紫檀 *P. tinctorius*，南方决明 *Senna meridionalis*，劈裂洋椿 *Cedrela fissilis*，阿根廷洋椿 *C. lilloi*，香洋椿 *C. odorata*，非洲沙针 *Osyris lanceolata*（布隆迪、埃塞俄比亚、肯尼亚、卢旺达、乌干达和坦桑尼亚联合共和国种群），东北红豆杉 *Taxus cuspidata* 和本种的种下分类单元，密叶红豆杉 *T. fuana* 和本种的种下分类单元，苏门答腊红豆杉 *T. sumatrana* 和本种的种下分类单元，喜马拉雅红豆杉 *T. wallichiana*，沉香属（所有种）*Aquilaria* spp.，棱柱木属（所有种）*Gonystylus* spp.，拟沉香属（所有种）*Gyrinops* spp.。

5.1.3.4 列入 CITES 附录Ⅲ中的部分树种

蒙古栎 *Quercus mongolica*（俄罗斯），买麻藤 *Gnetum montanum*（尼泊尔），巴拿马天蓬树 *Dipteryx panamensis*（哥斯达黎加、尼加拉瓜），盖裂木 *Magnolia liliifera* var. *obovata*（尼泊尔），水曲柳 *Fraxinus mandshurica*（俄罗斯），红松 *Pinus koraiensis*（俄罗斯），百日青 *Podocarpus neriifolius*（尼泊尔），水青树 *Tetracentron sinense*（尼泊尔）。

5.2 国家重点保护的树种名录

5.2.1 基本情况

《国家重点保护野生植物名录》于 2021 年 8 月 7 日经国务院批准，2021 年 9 月 7 日国家林业和草原局、农业农村部以 2021 年第 15 号公告进行公布，自公布之日起施行。《国家重点保护野生植物名录》(第一批)自本公告发布之日起废止。

调整后的《国家重点保护野生植物名录》共列入国家重点保护野生植物 455 种和 40 类，包括国家一级保护野生植物 54 种和 4 类，国家二级保护野生植物 401 种和 36 类。其中，由林业和草原主管部门分工管理的 324 种和 25 类，由农业农村主管部门分工管理的 131 种和 15 类。本书对有关的树种进行收录。

5.2.2 国家一级重点保护的树种

苏铁属(所有种)*Cycas* spp.，银杏 *Ginkgo biloba*，巨柏 *Cupressus gigantea*，西藏柏木 *C. torulosa*，水松 *Glyptostrobus pensilis*，水杉 *Metasequoia glyptostroboides*，崖柏 *Thuja sutchuenensis*，红豆杉属(所

有种）*Taxus* spp.，百山祖冷杉 *Abies beshanzuensis*，资源冷杉 *A.beshanzuensis* var. *ziyuanensis*，梵净山冷杉 *A.fanjingshanensis*，元宝山冷杉 *A.yuanbaoshanensis*，银杉 *Cathaya argyrophylla*，大别山五针松 *Pinus dabeshanensis*，巧家五针松 *P.squamata*，毛枝五针松 *P.wangii*，华盖木 *Pachylarnax sinica*，峨眉拟单性木兰 *Parakmeria omeiensis*，焕镛木（单性木兰）*Woonyoungia septentrionalis*，银缕梅 *Parrotia subaequalis*，绒毛皂荚 *Gleditsia japonica* var. *velutina*，小叶红豆 *Ormosia microphylla*，普陀鹅耳枥 *Carpinus putoensis*，天目铁木 *Ostrya rehderiana*，膝柄木 *Bhesa robusta*，红榄李 *Lumnitzera littorea*，广西火桐 *Erythropsis kwangsiensis*，东京龙脑香 *Dipterocarpus retusus*，坡垒 *Hopea hainanensis*，望天树 *Parashorea chinensis*，云南娑罗双 *Shorea assamica*，广西青梅 *Vatica guangxiensis*，珙桐 *Davidia involucrata*，云南蓝果树 *Nyssa yunnanensis*，猪血木 *Euryodendron excelsum*，滇藏榄 *Diploknema yunnanensis*。

5.2.3 国家二级重点保护的树种

罗汉松属（所有种）*Podocarpus* spp.，翠柏 *Calocedrus macrole-*

pis，岩生翠柏 *C. rupestris*，红桧 *Chamaecyparis formosensis*，岷江柏木 *Cupressus chengiana*，福建柏 *Fokienia hodginsii*，台湾杉（秃杉）*Taiwania cryptomerioides*，朝鲜崖柏 *Thuja koraiensis*，越南黄金柏 *Xanthocyparis vietnamensis*，穗花杉属（所有种）*Amentotaxus* spp.，海南粗榧 *Cephalotaxus hainanensis*，贡山三尖杉 *C. lanceolata*，篦子三尖杉 *C. oliveri*，白豆杉 *Pseudotaxus chienii*，榧树属（所有种）*Torreya* spp.，秦岭冷杉 *Abies chensiensis*，油杉属（所有种，铁坚油杉、云南油杉、油杉除外）*Keteleeria* spp.（excl. *K. davidiana* var. *davidiana*，*K. evelyniana* & *K. fortunei*），大果青杆 *Picea neoveitchii*，兴凯赤松 *Pinus densiflora* var. *ussuriensis*，红松 *P. koraiensis*，华南五针松 *P. kwangtungensis*，雅加松 *P. massoniana* var. *hainanensis*，长白松 *P. sylvestris* var. *sylvestriformis*，金钱松 *Pseudolarix amabilis*，黄杉属（所有种）*Pseudotsuga* spp.，风吹楠属（所有种）*Horsfieldia* spp.，云南肉豆蔻 *Myristica yunnanensis*，长蕊木兰 *Alcimandra cathcartii*，厚朴 *Houpoëa officinalis*，长喙厚朴 *H. rostrata*，大叶木兰 *Lirianthe henryi*，馨香玉兰（馨香木兰）*Lirianthe odoratissima*，鹅掌楸（马褂木）

Liriodendron chinense，香木莲 *Manglietia aromatica*，大叶木莲 *M. dandyi*，落叶木莲 *M. decidua*，大果木莲 *M. grandis*，厚叶木莲 *M. pachyphylla*，毛果木莲 *M. ventii*，香子含笑（香籽含笑）*Michelia hypolampra*，广东含笑 *M. guangdongensis*，石碌含笑 *M. shiluensis*，峨眉含笑 *M. wilsonii*，圆叶天女花（圆叶玉兰）*Oyama sinensis*，西康天女花（西康玉兰）*O. wilsonii*，云南拟单性木兰 *Parakmeria yunnanensis*，合果木 *Michelia baillonii*，宝华玉兰 *Yulania zenii*，蕉木 *Chieniodendron hainanense*，文采木 *Wangia saccopetaloides*，夏蜡梅 *Calycanthus chinensis*，莲叶桐 *Hernandia nymphaeifolia*，油丹 *Alseodaphne hainanensis*，皱皮油丹 *A. rugosa*，茶果樟 *Cinnamomum chago*，天竺桂 *C. japonicum*，油樟 *C. longepaniculatum*，卵叶桂 *C. rigidissimum*，润楠 *Machilus nanmu*，舟山新木姜子 *Neolitsea sericea*，闽楠 *Phoebe bournei*，浙江楠 *P. chekiangensis*，细叶楠 *P. hui*，楠木 *P. zhennan*，孔药楠 *Sinopora hongkongensis*，水青树 *Tetracentron sinense*，赤水蕈树 *Altingia multinervis*，山铜材 *Chunia bucklandioides*，长柄双花木 *Disanthus cercidifolius* subsp. *longipes*，四药门花 *Loropetalum subcorda-*

tum，连香树 *Cercidiphyllum japonicum*，棋子豆 *Archidendron robinsonii*，紫荆叶羊蹄甲 *Bauhinia cercidifolia*，黑黄檀 *Dalbergia cultrata*，海南黄檀 *D. hainanensis*，降香 *D. odorifera*，卵叶黄檀 *D. ovata*，格木 *Erythrophleum fordii*，红豆属（所有种，被列入国家一级保护的小叶红豆除外）*Ormosia* spp.（excl. *O. microphylla*），油楠 *Sindora glabra*，山楂海棠 *Malus komarovii*，丽江山荆子 *M. rockii*，新疆野苹果 *M. sieversii*，锡金海棠 *M. sikkimensis*，新疆野杏 *Prunus armeniaca*，新疆樱桃李 *P. cerasifera*，甘肃桃 *P. kansuensis*，蒙古扁桃 *P. mongolica*，光核桃 *P. mira*，矮扁桃（野巴旦，野扁桃）*P. nana*，翅果油树 *Elaeagnus mollis*，长序榆 *Ulmus elongata*，大叶榉树 *Zelkova schneideriana*，南川木波罗 *Artocarpus nanchuanensis*，奶桑 *Morus macroura*，川桑 *M. notabilis*，长穗桑 *M. wittiorum*，华南锥 *Castanopsis concinna*，西畴青冈 *Cyclobalanopsis sichourensis*，台湾水青冈 *Fagus hayatae*，三棱栎 *Formanodendron doichangensis*，霸王栎 *Quercus bawanglingensis*，尖叶栎 *Q. oxyphylla*，喙核桃 *Annamocarya sinensis*，贵州山核桃 *Carya kweichowensis*，天台鹅耳枥 *Carpinus tientaien-*

sis，四数木 *Tetrameles nudiflora*，金丝李 *Garcinia paucinervis*，双籽藤黄 *G. tetralata*，海南大风子 *Hydnocarpus hainanensis*，东京桐 *Deutzianthus tonkinensis*，千果榄仁 *Terminalia myriocarpa*，林生杧果 *Mangifera sylvatica*，梓叶槭 *Acer amplum* subsp. *catalpifolium*，庙台槭 *A. miaotaiense*，五小叶槭 *A. pentaphyllum*，漾濞槭 *A. yangbiense*，龙眼 *Dimocarpus longan*，云南金钱槭 *Dipteronia dyeriana*，伞花木 *Eurycorymbus cavaleriei*，掌叶木 *Handeliodendron bodinieri*，野生荔枝 *Litchi chinensis* var. *euspontanea*，韶子 *Nephelium chryseum*，海南假韶子 *Paranephelium hainanense*，望谟崖摩 *Aglaia lawii*，红椿 *Toona ciliata*，木果棟 *Xylocarpus granatum*，柄翅果 *Burretiodendron esquirolii*，滇桐 *Craigia yunnanensis*，海南榄 *Diplodiscus trichospermus*，蚬木 *Excentrodendron tonkinense*，梧桐属（所有种，梧桐除外）*Firmiana* spp.（excl. *F. simplex*），蝴蝶树 *Heritiera parvifolia*，平当树 *Pterospermum sinense*，景东翅子树 *P. kingtungense*，勐仑翅子树 *P. menglunense*，粗齿梭罗树 *Reevesia rotundifolia*，紫椴 *Tilia amurensis*，土沉香 *Aquilaria sinensis*，云南沉香 *A. yunnanensis*，狭叶坡垒 *Hopea*

154

chinensis，翼坡垒（铁凌）*H. reticulata*，西藏坡垒 *H. shingkeng*，青梅 *Vatica mangachapoi*，伯乐树（钟萼木）*Bretschneidera sinensis*，蒜头果 *Malania oleifera*，海南紫荆木 *Madhuca hainanensis*，紫荆木 *M. pasquieri*，小萼柿 *Diospyros minutisepala*，川柿 *D. sutchuensis*，圆籽荷 *Apterosperma oblata*，大叶茶 *Camellia sinensis* var. *assamica*，大理茶 *C. taliensis*，香果树 *Emmenopterys henryi*，滇南新乌檀 *Neonauclea tsaiana*，橙花破布木 *Cordia subcordata*，水曲柳 *Fraxinus mandshurica*，天山梣 *F. sogdiana*，扣树 *Ilex kaushue*。

第6章 常见商品木材识别

6.1 常见进口木材识别

6.1.1 檀香紫檀 *Pterocarpus santalinus* 蝶形花科紫檀属

散孔材。心材新切面呈橘红色，久则呈红紫色或紫黑色，具深色相间条纹。导管富含红色或紫色树胶。薄壁组织傍管细带状、聚翼状。木射线叠生，单列；射线组织同形。木材具香气，荧光反应很明显。

宏观横切面

微观弦切面

图6-1 檀香紫檀

6.1.2 花梨木 *Pterocarpus* spp. 蝶形花科紫檀属

以越束紫檀(*P. macrocarpus*)为例描述:散孔材至半环孔材。心材黄褐色至红褐色,具深浅相间的条纹。轴向薄壁组织带状及聚翼状。木射线叠生,单列,偶两列;射线组织同形。木材香气显著,荧光反应明显。

| 宏观横切面 | 微观弦切面 |

图6-2 越束紫檀

6.1.3 亚花梨 *Pterocarpus* spp. 蝶形花科紫檀属

以安哥拉紫檀(*P.angolensis*)为例描述:散孔材至半环孔材。心材材色变异大,呈黄褐色至砖红色,常具深色条纹。导管含树胶。轴向薄壁组织带状(宽2~6个细胞)、聚翼状、翼状及轮界状,内含菱形晶体。木纤维、木薄壁组织、木射线均叠生。木射线以单列为主,高2~10个细胞,多列射线宽2~3个细胞,高4~12个细胞;射线组织同形,单列及多列。木材具荧光反应。气干密度0.50~0.80g/cm³。

宏观横切面

微观弦切面

图6-3 安哥拉紫檀

6.1.4　降香黄檀 *Dalbergia odorifera*　蝶形花科黄檀属

散孔材至半环孔材。心材呈红褐色至深红褐色，具深色条纹。轴向薄壁组织翼状、聚翼状、傍管带状。木射线叠生，宽 2～3 个细胞；射线组织同形或异形Ⅲ型。木材辛辣香气味显著。

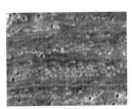
宏观横切面

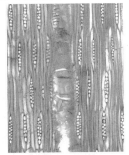
微观弦切面

图 6-4　降香黄檀

6.1.5 黑酸枝木 *Dalbergia* spp. 蝶形花科黄檀属

以阔叶黄檀（*D. latifolia*）为例描述：散孔材。心材呈金黄褐色至栗褐色，具紫红色条纹。轴向薄壁组织为断续短带状、翼状及带状。木射线叠生，射线宽 2～4 个细胞；射线组织同形，偶异形Ⅲ型。

宏观横切面

微观弦切面

图 6-5 阔叶黄檀

6.1.6 红酸枝木 *Dalbergia* spp. 蝶形花科黄檀属

以交趾黄檀(*D. cochinchinensis*)为例描述:散孔材至半环孔材。心材呈色从浅红紫色至葡萄酒色,具黑色或褐色条纹。轴向薄壁组织环管状、翼状及傍管带状。木射线叠生,射线单列、单列对列及两列;射线组织同形。

宏观横切面　　　　　微观弦切面

图6-6　交趾黄檀

6.1.7 条纹乌木 *Diospyros* spp. 柿科柿属

以苏拉威西乌木(*D.celebica*)为例描述:散孔材。心材呈黑褐色,具深浅相间条纹。轴向薄壁组织细线状。木射线非叠生,射线单列,偶2列;射线组织异形,单列;射线细胞内含丰富的菱形晶体及树胶。

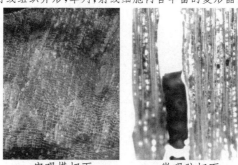

宏观横切面　　　　微观弦切面

图6-7 苏拉威西乌木

6.1.8 鸡翅木

该商品名包含两个属的木材:崖豆木 Millettia spp.,蝶形花科崖豆藤属;铁刀木 Cassia spp.,苏木科腊肠树属。以非洲崖豆木(M. laurentii)为例描述:散孔材。心材呈黑褐色,具黑色线状条纹。轴向薄壁组织呈规则的同心宽带状。木材弦切面鸡翅状花纹明显。木射线非叠生,单列射线少,多列射线宽3~5个细胞;射线组织同形。

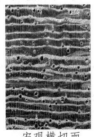

宏观横切面　　　　微观弦切面

图6-8　非洲崖豆木

6.1.9　柚木 *Tectona grandis*　马鞭草科柚木属

环孔材。心材呈金黄褐色,具油性感,略具皮革气味。早材管孔通常1~2列。轴向薄壁组织环管状。分隔木纤维普遍。木射线非叠生;多列射线宽2~5个细胞;射线组织同形,多列,稀异形Ⅲ型。

 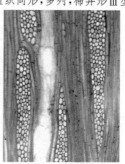

宏观横切面　　　　　微观弦切面

图6-9　柚木

6.1.10　风车木 *Combretum imberbe*　使君子科风车子属

散孔材至半环孔材。心材呈暗褐色至黑褐色,具深浅相间条纹。轴向薄壁组织环管束状及聚翼状。木射线非叠生。射线单列,稀对列及 2 列;射线组织同形;射线细胞内含白色结晶。

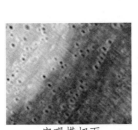

宏观横切面

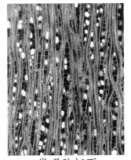

微观弦切面

图 6-10　风车木

6.1.11　黑胡桃 *Juglans nigra*　胡桃科胡桃属

半环孔材。心材呈淡褐色至浓巧克力色或紫褐色。轴向薄壁组织细线状及环管状。木射线非叠生,单列射线少,多列射线宽 2～5 个细胞;射线组织异形Ⅱ型及异形Ⅲ型。

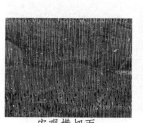

宏观横切面

微观弦切面

图 6-11　黑胡桃

6.1.12 铁线子 *Manilkara* spp. 山榄科铁线子属

以铁线子(*M. hexandra*)为例描述:散孔材。心材呈红褐色至巧克力色。轴向薄壁组织不规则带状。木射线非叠生,单列射线较多,多列射线宽2～3个细胞;射线组织异形Ⅰ型及异形Ⅱ型。

 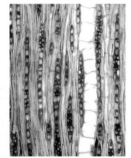

宏观横切面 微观弦切面

图6-12 铁线子

6.1.13　胶漆树 *Gluta* spp.　漆树科胶漆树属

以胶漆树(*G. renghas*)为例描述：散孔材。心材呈鲜红色至深褐色。轴向薄壁组织环管束状、带状或轮界状。木射线非叠生，以单列射线为主，2 列射线者常具径向树胶道；射线组织同形，单列及多列。

 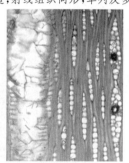

宏观横切面　　　　　　　　微观弦切面

图 6-13　胶漆树

6.1.14 蚁木 *Tabebuia* spp. 紫葳科蚁木属

以南美蚁木(*T. sp.*)为例描述:散孔材。心材呈橄榄绿色或深红褐色。轴向薄壁组织环管束状、翼状。木射线叠生,单列射线少,多列射线宽2~3个细胞;射线组织同形,单列及多列。

 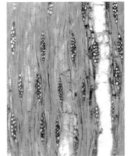

宏观横切面　　　　　微观弦切面

图6-14　南美蚁木

6.1.15　摘亚木 *Dialium* spp.　苏木科酸榄豆属

　　以阔萼摘亚木(*D. platysepalum*)为例描述：散孔材。心材呈浅红褐色至紫红褐色。轴向薄壁组织带状及环管状。木射线叠生，单列射线少，多列射线宽2～3个细胞；射线组织同形，单列及多列。

宏观横切面

微观弦切面

图6-15　阔萼摘亚木

6.1.16　印茄木 *Intsia* spp.　苏木科印茄属

以帕利印茄木（*I. palembanica*）为例描述：散孔材。心材呈褐色至暗红褐色。轴向薄壁组织翼状及轮界状。木射线非叠生，局部整齐排列；单列射线少，多列射线宽2～3个细胞；射线组织同形，多列。

 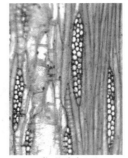

宏观横切面　　　　　　　微观弦切面

图 6-16　帕利印茄木

6.1.17 古夷苏木 *Guibourtia* spp. 苏木科鼓琴木属

以爱里古夷苏木(*G. demeusei*)为例描述:散孔材。心材呈黄褐色至巧克力色。轴向薄壁组织翼状及轮界状。木射线非叠生,多列射线宽2~5个细胞;射线组织同形,单列及多列。

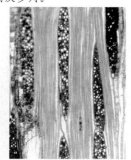

宏观横切面　　　　　　微观弦切面

图6-17　爱里古夷苏木

6.1.18 甘巴豆 *Koompassia* spp. 苏木科凤眼木属

以甘巴豆(*K. malaccensis*)为例描述:散孔材。心材呈粉红色至砖红色。轴向薄壁组织翼状、聚翼状及轮界状。木射线叠生,单列射线少,多列射线宽2~4个细胞;射线组织同形。

宏观横切面

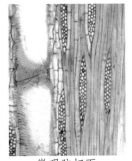

微观弦切面

图6-18 甘巴豆

6.1.19 鲍古豆 *Bobgunia* spp. 蝶形花科鲍古豆属

以管状叶鲍古豆(*B. fistuloides*)为例描述：散孔材。心材呈深褐色至灰红褐色。轴向薄壁组织傍管带状。木射线叠生，射线宽2～3个细胞；射线组织同形，多列。

宏观横切面

微观弦切面

图6-19 管状叶鲍古豆

6.1.20 维腊木 *Gonopterodendron* spp. 蒺藜科维腊木属

以乔木维腊木(*G. arboreum*)为例描述:散孔材;管孔很小。心材呈橄榄绿色或绿褐色。轴向薄壁组织稀疏环管状。木射线叠生,射线单列,偶2列,高5个以下细胞;射线组织同形单列及多列。

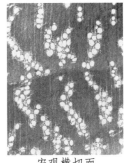 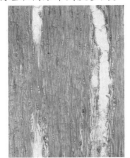

宏观横切面　　　　微观弦切面

图6-20　乔木维腊木

6.1.21　翼红铁木 Lophira alata　金莲木科铁莲木属

散孔材。心材呈红褐色至暗褐色。轴向薄壁组织离管细线状。导管分子单穿孔,管间纹孔式互列。木射线非叠生。单列射线少,多列射线宽2～4个细胞;射线组织同形或异形Ⅲ型。

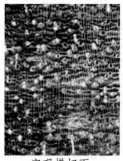
宏观横切面

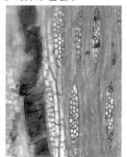
微观弦切面

图6-21　翼红铁木

6.2 重要国产木材识别

6.2.1 杉木 *Cunninghamia lanceolata* 杉科杉木属

针叶树材。心边材区别明显,心材呈浅栗褐色。木材香气浓厚。生长轮明显,早材至晚材渐变。轴向薄壁组织星散状及星散聚合状,常含深色树脂。木射线单列。交叉场纹孔为杉木型。气干密度约0.35g/cm³。

 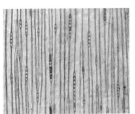

微观横切面 微观弦切面

图 6-22 杉木

6.2.2 红松 *Pinus koraiensis* 松科松属

针叶树材。心边材区别明显，心材呈红褐色。生长轮甚窄，早材至晚材缓变。具轴向及径向树脂道。树脂道肉眼下呈斑点状，单独。单列射线多数高 3～8 个细胞；纺锤射线具径向树脂道。交叉场纹孔窗格状。气干密度约 0.40g/cm³。

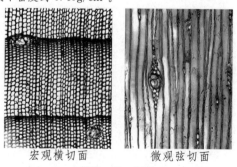

宏观横切面　　　　　微观弦切面

图 6-23 红松

6.2.3　樟子松 *Pinus sylvestris* var. *mongolica*　松科松属

针叶树材。心边材区别明显,心材呈红褐色。早材至晚材急变。具轴向及径向树脂道。单列木射线 3~6 个细胞;纺锤射线具径向树脂道。交叉场纹孔窗格状。射线管胞内壁深锯齿状。气干密度约 0.46g/cm³。

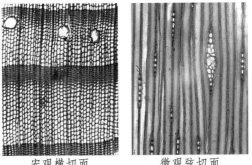

宏观横切面　　　　微观弦切面

图 6-24　樟子松

6.2.4 马尾松 *Pinus massoniana* 松科松属

针叶树材。心边材区别明显，心材小。生长轮甚明显，早材至晚材急变。具轴向及径向树脂道。单列射线高 5～15 个细胞；纺锤射线具径向树脂道。射线管胞内壁深锯齿状。交叉场纹孔窗格状。气干密度约 0.55g/cm³。

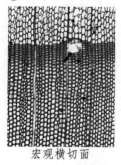 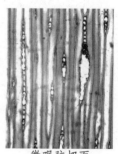

宏观横切面　　　　微观弦切面

图 6-25 马尾松

6.2.5 云杉 *Picea asperata* 松科云杉属

针叶树材。心边材区别不明显。生长轮明显，早材至晚材缓变。具轴向及径向树脂道。单列射线高 4～13 个细胞；纺锤射线具径向树脂道。交叉场纹孔为云杉型。气干密度约 0.40g/cm³。

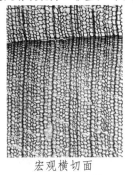
宏观横切面

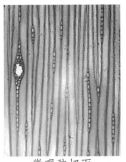
微观弦切面

图 6 - 26 云杉

6.2.6　柏木 *Cupressus funebris*　柏科柏木属

　　针叶树材。心边材区别略明显，心材呈草黄褐色或至微带红色。生长轮明显，早材至晚材缓变。木材具柏木香气。轴向薄壁组织星散状及星散聚合状，常含深色树脂。木射线单列。交叉场纹孔为柏木型。气干密度约 0.55g/cm³。

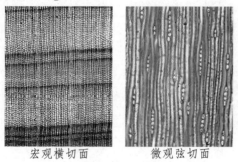

宏观横切面　　　　　微观弦切面

图 6-27　柏木

6.2.7 红豆杉 *Taxus chinensis* 红豆杉科红豆杉属

针叶树材。心边材区别明显,心材呈深红褐色至橘红褐色。生长轮明显,早材至晚材渐变。导管螺纹加厚甚明显。木射线单列。交叉场纹孔为柏木型。气干密度约 0.70g/cm³。

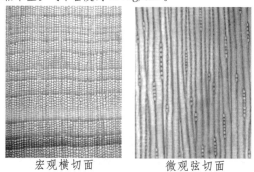

宏观横切面　　　　微观弦切面

图6-28　红豆杉

6.2.8　麻栎 Quercus acutissima　壳斗科栎属

环孔材。早材管孔 1～2 列,早材至晚材急变;晚材管孔复径列。导管分子单穿孔。轴向薄壁组织星散聚合状及环管状。木射线非叠生,单列射线高达 25 个细胞,多列射线宽 20 多个细胞;射线组织同形,单列及多列。气干密度约 0.90g/cm³。

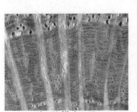

宏观横切面

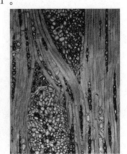

微观弦切面

图 6-29　麻栎

6.2.9 香椿 *Toona sinensis* 楝科香椿属

环孔材。早材管孔 2～3 列，早材至晚材缓变；晚材管孔散生。导管分子单穿孔，管间纹孔式互列。轴向薄壁组织环管状。木射线非叠生，单列射线较少，多列射线宽 2～3 个细胞；射线组织异形Ⅲ型及异形Ⅱ型。气干密度约 0.60g/cm³。

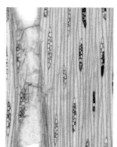

宏观横切面　　　　微观弦切面

图 6-30　香椿

6.2.10 水曲柳 *Fraxinus mandshurica* 木樨科梣属

环孔材。早材管孔 3～4 列，晚材管孔不规则排列。轴向薄壁组织环管状及聚翼状。导管分子单穿孔，管间纹孔式互列。木射线非叠生，单列射线少，多列射线宽 2～4 个细胞；射线组织同形，单列及多列。气干密度约 0.60g/cm³。

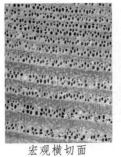 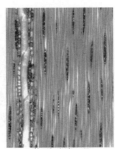

宏观横切面　　　　微观弦切面

图 6-31　水曲柳

6.2.11　红锥 *Castanopsis hystrix*　壳斗科锥属

半环孔材。早材管孔排列不连续,早材至晚材略渐变;晚材管孔树枝状排列。导管分子单穿孔,管间纹孔式互列。轴向薄壁组织离管带状。木射线非叠生,通常宽1个细胞;射线组织同形,单列。气干密度约 0.70g/cm³。

宏观横切面

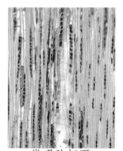

微观弦切面

图 6-32　红锥

6.2.12　光皮桦 *Betula luminifera*　桦木科桦木属

散孔材。管孔略小，单管孔及 2～3 个短径列复管孔。轴向薄壁组织轮界状。导管分子梯状复穿孔，管间纹孔式互列。木射线非叠生，单列射线较多，多列射线宽 2～4 个细胞；射线组织同形，单列及多列。气干密度 0.59～0.72g/cm³。

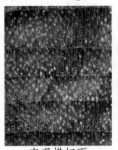
宏观横切面

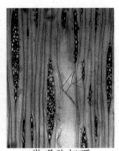
微观弦切面

图 6-33　光皮桦

6.2.13 橡胶树 *Hevea brasiliensis* 大戟科橡胶树属

散孔材。管孔略疏。导管分子单穿孔。轴向薄壁组织离管带状。木射线非叠生,单列射线少,多列射线宽 2～3 个细胞,单列部分有时与 2 列部分约等宽,同一射线内常 2～3 次出现多列部分,部分多至 6 次;射线组织异形 Ⅰ 型及异形 Ⅱ 型。气干密度约 $0.56g/cm^3$。

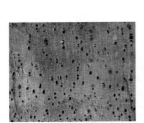
宏观横切面

微观弦切面

图 6-34 橡胶树

6.2.14 楠木 *Phoebe zhennan* 樟科楠属

散孔材。单管孔及 2～3 个径列复管孔。导管分子单穿孔，梯状复穿孔偶见，管间纹孔式互列。轴向薄壁组织环管状。具分隔木纤维。木射线非叠生，单列射线少，多列射线宽 2～3 个细胞；射线组织异形；射线常具油细胞。气干密度约 0.68g/cm³。

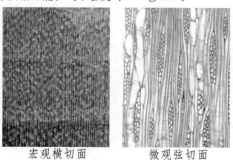

宏观横切面　　　　微观弦切面

图 6-35　楠木

6.2.15 青冈 *Cyclobalanopsis glauca* 壳斗科青冈属

辐射孔材。管孔呈径列溪流状分布。导管分子单穿孔。轴向薄壁组织离管带状及傍管状。木射线非叠生,多列射线最宽处达 30 多个细胞,单列射线宽 1 个细胞;射线组织同形,单列及多列。气干密度约 0.90g/cm³。

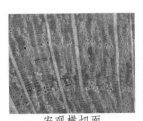

宏观横切面

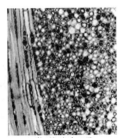

微观弦切面

图 6-36 青冈

6.2.16　水青冈 *Fagus longipetiolata*　壳斗科水青冈属

半环孔材。管孔甚多而小。导管分子单穿孔及梯状复穿孔。轴向薄壁组织星散聚合状。木射线非叠生,单列射线宽 1 个细胞,多列射线宽达 20 个细胞;射线组织异形Ⅲ型。气干密度约 0.75g/cm³。

宏观横切面

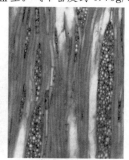

微观弦切面

图 6-37　水青冈

6.2.17 金丝李 *Garcinia paucinervis* 藤黄科藤黄属

散孔材。2~4个径列复管孔。导管分子单穿孔，管间纹孔式互列。轴向薄壁组织带状，宽2~4个细胞，呈波浪形。木射线非叠生，单列射线甚少，多列射线宽2~3个细胞；射线组织异形Ⅱ型；方形射线细胞比横卧射线细胞高。气干密度约0.90g/cm³。

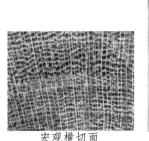

宏观横切面

微观弦切面

图6-38 金丝李

6.2.18　泡桐 *Paulownia fortunei*　玄参科泡桐属

半环孔材至环孔材。早材管孔 2~3 列,晚材单管孔及 2 个径列复管孔。导管分子单穿孔,管间纹孔式互列。轴向薄壁组织环管束状、翼状及聚翼状。木射线非叠生,多列射线宽 2~5 个细胞,单列射线极少;射线组织通常同形,多列。气干密度约 0.30g/cm³。

宏观横切面

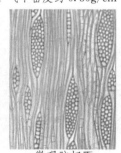
微观弦切面

图 6-39　泡桐

6.2.19 蚬木 *Burretiodendron hsienmu* 椴树科蚬木属

散孔材。管孔略少略小。导管分子单穿孔,管间纹孔式互列。轴向薄壁组织傍管状及环管状。木射线叠生,材表波痕显著;多列射线宽2～4个细胞;射线组织主要为异形Ⅱ型;射线细胞内含结晶体。气干密度约 1.13g/cm³。

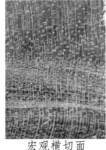

宏观横切面

微观弦切面

图6-40 蚬木

6.2.20 白木香 *Aquilaria sinensis* 瑞香科沉香属

散孔材。管孔比内含韧皮部的小得多,单管孔及2～3个径列复管孔。导管分子单穿孔,管间纹孔式互列。内含韧皮部多孔式岛屿形排列。轴向薄壁组织不明显。木射线非叠生,以单列射线为主,稀见宽2～3个细胞的多列射线;射线细胞较大,形状不规则;射线组织异形Ⅱ型。气干密度约0.40g/cm³。

宏观横切面 微观弦切面

图 6-41 白木香

6.2.21 格木 *Erythrophleum fordii* 苏木科格木属

散孔材。单管孔及 2～3 个径列复管孔。导管分子单穿孔,管间纹孔式互列。轴向薄壁组织翼状及聚翼状。木射线局部整齐斜列,单列射线较少,多列射线宽常 2 个细胞;射线组织同形,单列及多列。气干密度约 $0.85g/cm^3$。

 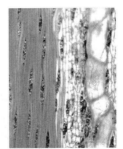

宏观横切面　　　微观弦切面

图 6-42　格木

6.2.22 榔榆 *Ulmus parvifolia*　榆科榆属

环孔材。早材管孔1～2列，早材至晚材急变，晚材管孔呈波浪形排列。导管分子单穿孔，管间纹孔式互列。轴向薄壁组织傍管状。木射线非叠生，单列射线稀少，多列射线宽2～7个细胞，同一射线内偶见2次多列部分；射线组织同形，单列及多列。气干密度约0.89g/cm³。

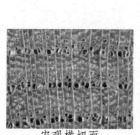
宏观横切面

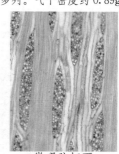
微观弦切面

图6-43　榔榆

6.2.23 榉树 *Zelkova schneideriana* 榆科榉属

环孔材。早材管孔略大，2～4 列，常含侵填体；晚材管孔呈波浪形排列。导管分子单穿孔，管间纹孔式互列。轴向薄壁组织傍管状。木射线非叠生，单列射线甚少，多列射线宽 2～15 个细胞，鞘细胞明显；射线组织异形Ⅲ型或同形多列。气干密度约 0.79g/cm³。

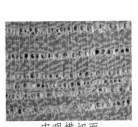
宏观横切面

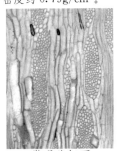
微观弦切面

图 6-44 榉树